地理学综合实验实习指导丛书

土壤地理学实验实习教程

主　编　李素霞　莫小荣
副主编　龙海丽　白小梅　韦司棋

WUHAN UNIVERSITY PRESS
武汉大学出版社

图书在版编目(CIP)数据

土壤地理学实验实习教程/李素霞,莫小荣主编;龙海丽,白小梅,韦司棋副主编.—武汉:武汉大学出版社,2022.4
地理学综合实验实习指导丛书
ISBN 978-7-307-22987-7

Ⅰ.土…　Ⅱ.①李…　②莫…　③龙…　④白…　⑤韦…　Ⅲ.土壤地理学—教育实习—教材　Ⅳ.S159

中国版本图书馆 CIP 数据核字(2022)第 047929 号

责任编辑:杨晓露　　责任校对:李孟潇　　版式设计:马　佳

出版发行:**武汉大学出版社**　(430072　武昌　珞珈山)
(电子邮箱:cbs22@whu.edu.cn　网址:www.wdp.com.cn)
印刷:武汉图物印刷有限公司
开本:720×1000　1/16　印张:7.75　字数:156 千字　插页:1
版次:2022 年 4 月第 1 版　2022 年 4 月第 1 次印刷
ISBN 978-7-307-22987-7　定价:30.00 元

地理学综合实验实习指导丛书

编 委 会

特别鸣谢

曾克峰　刘　超

总　序

地理科学专业以应用性与科学性为指导，是研究地理要素或者地理综合体空间分布规律、时间演变过程和区域特征的一门学科，是自然科学与人文科学的交叉学科，具有综合性、交叉性和区域性的特点，具有较强的实践性及应用性。

北部湾大学资源与环境学院《地理学综合实验实习指导丛书》是在地理科学专业人才培养要求下编写的，注重培养学生的实践能力及野外操作能力，包括土壤地理学、植物地理学、地质地貌学、水文气候学、人文与经济地理学等方面，同时也是北部湾大学地理科学专业对应课程实验、实习配套指导书。

学校立足北部湾，服务广西，面向南海和东盟，服务国家战略和区域经济发展，致力于把学生培养成为具有较强的实践能力、创新能力、就业创业能力，具有国际视野、高度社会责任感的新时代高素质复合型、应用型人才。本丛书结合学校定位，充分挖掘地方特色和专业需求，通过连续两个暑假的野外实习路线和用人单位实际调研及长达40多年的实际教学，累积了大量的野外教学观测点和实验实习素材，掌握了用人单位之所需，体现了人才培养方案之所用。

为了丛书的编写质量，北部湾大学资源与环境学院成立了专门的丛书编委会、专家指导委员会及每种指导书的编撰团队，以期为丛书的顺利出版打下基础。

本丛书的出版要特别感谢中国地质大学曾克峰教授、刘超教授及其团队的指导，他们连续两年暑假亲自带队调研，确定野外实习路线，亲自修改每一种指导书的初稿。没有他们的付出，就没有丛书的形成，衷心感谢曾教授及其团队的无私奉献和“地理人”的执着努力。同时对北部湾大学教务处、毕业生就业单位以及野外实习单位所涉及的工作人员一并表示感谢。

编　者

前　言

土壤地理学是地理学的重要组成部分，也是高等学校地理科学本科专业学生获得学位的必修课程，该课程兼具理论性和生产实践特性。通过课程学习，使学生对土壤系统形成科学认识，了解土壤特性及其分布规律，树立保护土壤资源以及合理利用土地资源的可持续发展观念。实验、实习是土壤地理学教学的必要环节，设置合理的实验内容和选择合适的实习地点，是达成课程目标的关键。为此，特编写《土壤地理学实验实习教程》，以配合该门课程的教学过程。

本书编写组总结多年土壤地理实验教学和野外实习的经验，充分挖掘所在区域自然资源特点，根据课程要求，合理设置实验、实习及调查内容。例如：各野外实习路线的设计基本囊括桂西南所有土壤类型，帮助学生了解地理环境对土壤形成的影响；土壤的室内分析实验，旨在培养学生选择实验方案和使用实验仪器、设备，处理和分析实验数据的基本能力。本教程主要内容包括：（1）基础实验；（2）综合实习；（3）附录（中国主要土类及广西主要土种等）。本教程还包括实验设计与创新性实验的基本原则、思路、方法等内容，便于教师指导学生进行创新性实验。本教程在编排上采用了部分独立编写，每个实验项目及实习路线都具有完整性、实用性和独立性。本教程是北部湾大学资源与环境学院地理学综合实验实习指导丛书之一；是北部湾大学自然地理学重点（培育）学科建设项目成果之一；是教育部产学合作协同育人项目“现代信息技术在‘土壤地理学’教学中的应用”（202101139001）的研究成果之一；是广西高等教育本科教学改革工程项目“‘土壤地理学’线上线下混合式教学的课程建设及应用”（2021JGB267）的研究成果之一；是广州市浩图信息科技有限公司重点资助项目之一；是广西高等教育本科教学改革工程项目“基于现代信息技术的地理学专业野外综合实习模式创新研究与实践”（2020JGA190）的研究成果之一。适合地理类、农林类、地质类等相关专业学校作为教材或者参考用书，以及土壤专业等地理科学研究人员的阅读参考用书。

本教程的编写组成员主要来自北部湾大学资源与环境学院地理科学教研室土壤植被教学团队。第一部分基础实验由李素霞、莫小荣、韦司棋（广西益全检测评价有限公司）负责编写；第二部分综合实习由李素霞、白小梅、龙海丽负责编写；第三部分附录由李素霞、莫小荣负责编写。全书由李素霞负责统稿和定稿。参与编写的人员还有林俊良老师、刘敏博士、杨利琼博士、谢芝春博士、陈慧蓉老师、王华宇老师、唐湘玲博士（桂林理工大学）。同时，本教程的编写还联合了中国地质大学（武汉）、南宁师范大学、广西师范大学、岭南师范学院、百色学院等高校，感谢他们提出的宝贵意见和建议。

由于编者专业水平有限，本教程难免存在不足或不妥之处，欢迎各位同仁批评指正，以便及时更正，在此对支持我们工作的所有老师和学生表示诚挚的感谢。

目　录

第一部分　基础实验

实验一　土壤样品的采集、制备与保存

【目的意义】

土壤分析工作中，土壤样品的采集与制备是土壤理化分析的一个极其重要的环节，采样过程中引起的误差往往比室内分析引起的误差大得多，因此，要求采集的土壤样品必须具有代表性。如果取样缺乏代表性，任何良好的分析工作也得不到可靠的结果，甚至会得出错误的结论，因此，正确地采集样品是土壤分析工作的前提，是一项十分细致和重要的工作。

从野外采回的土壤样品，常常含有砾石、根系等杂物，土粒又相互黏聚在一起，这就会影响分析结果的准确性，所以在进行分析前，必须经过一定的制备处理。

【原理方法】

土壤样品的采集方法，根据分析目的不同而有差别。研究土壤理化性质、养分状况，应选择代表性样地，多点采集混合土壤样品；研究整个土体的发生发育，须采集原状土壤样品；研究土壤生态系统的结构与功能，须选择有代表性的土壤类型进行定位观测，了解土壤的季节性动态变化。

【仪器设备】

铁锹、土钻、取土器、刮土刀、软尺、采样袋、标准分段纸盒、铝盒、铅笔、标签、记号笔等。

【基本步骤】

1. 土壤样品的采集

1） 土壤剖面样品的采集

土壤剖面样品采集应具有典型性、代表性。一般而言，必须按土壤发生层次采

样，在选择好挖掘土壤剖面的位置后，现挖一个 1m×1.5m（或 1m×2m）的长方形土坑，长方形较窄的向阳一面作为观察面，挖出的土壤应放在土坑两侧，土坑的深度根据具体情况确定，一般要求达到母质或地下水即可，大多在 1~2m 间。然后根据土壤剖面的颜色、结构、质地、松紧度、湿度、植物根系分布等，自上而下划分土层，仔细观察，描述记载，将剖面形态特征逐一记入剖面记载簿内，也可以作为分析结果审查的参考。然后，从每层中部采取（图 1.1）分析样品，样品量不应少于 0.5~1.0kg，含大量石块和侵入体时，应采样 2.0kg 以上。取样先从下部层次开始，分别一次用环刀取样，每层 3~5 个点，每个点放入一个采样袋中，写上标签（图 1.2），装在一个真空包装袋中，然后将同一剖面的小塑料袋拴在一起，以免混乱。（原则上，若在野外工作时间较长，而不能将样品及时运回实验室时，务必将土袋放在土壤剖面内，紧贴土壁，上覆少许土粒。）

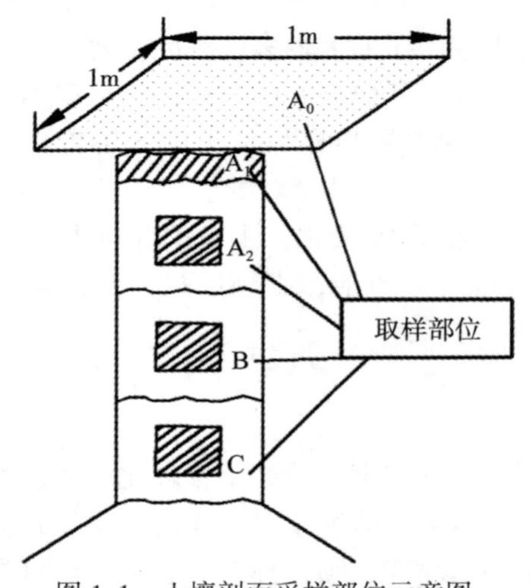

图 1.1　土壤剖面采样部位示意图

总号：____________________

田间号码：____________________

深度：____________________

共__________包，第__________包

地形：____________________

土名：____________________

采集者：____________________

日期：____________________

备注：____________________

____

____

图 1.2　土壤分析样品标签（图例）

2）土盒标本采集

采集土盒标本主要是为了一般展示和作土壤剖面的对比，土盒标本应采集各层中最有代表性的部分，从剖面下部层次采集，放入土盒中最下格，逐层向上采集，采集后分装于土盒的相应各层中（图 1.3），注意不要将各层土壤相混。采集完毕，在土盒盖上写明编号、采集时间、地点、采集人和土壤名称，并在土盒侧面注明各层深度。

3）整段标本采集

（1）传统的整段标本样品采集

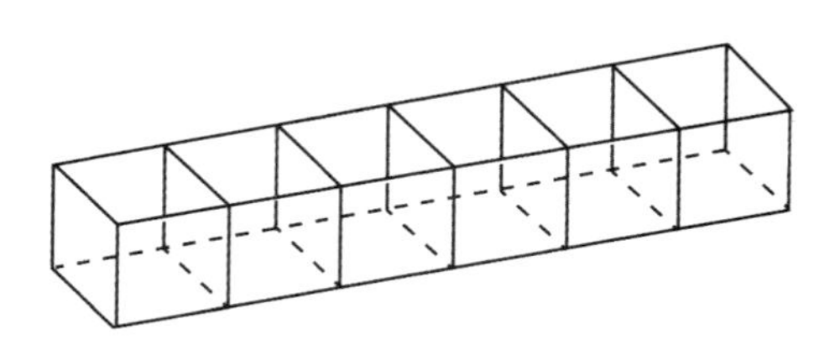

图 1.3 土壤标本盒

为了完整地展示土壤剖面的真实状态，有时也采集大型的连续整段标本。此类样品采集时一般先按事先做好的长条容器的长、宽和深的尺寸，在土壤剖面上留出一个凸出体，将容器扣上，然后再将主体切割下来（图 1.4）。整段标本在陈列时，应有详细的记述，并可配置相应地点的景观照片和挂图。为了保护样品，可在剖面表面喷浓度为 2%的白乳胶溶液，以防标本破裂。

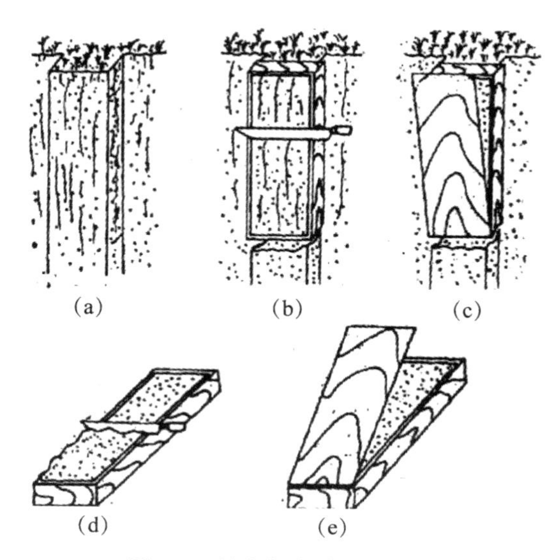

图 1.4 整段标本采样示意图

由于土壤整段标本笨重，搬运不便，陈列时占地面积大，所以目前日益趋向于采集薄层标本代替整段标本。

（2）改进的整段标本样品采集

为了完整地展示土壤剖面的真实状态，本方法采用钟建明等（1999）研究的整段标本采集以及取土器的制作方法。

整段土壤标本的要求是土壤发生层次连续、清晰，颜色、结构、孔隙基本保持原状，标本制成后饱满度要好，不能出现空洞，标本厚度应基本和容器的内厚度一致或稍高，土壤样品的长度应尽可能和容器的内长度一致，标本才能醒目，才能给人以完整饱满的感觉。取土器平面图如图 1.5 所示。

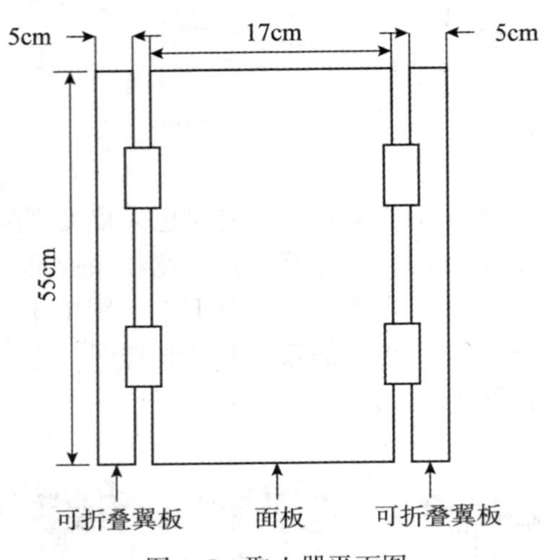

图 1.5　取土器平面图

本方法能适应大多数的土壤质地、含水量、砾石含量、粗根等可能影响标本制作的状况。采集、制备土壤整段标本的具体方法如下：

①材料准备。铁皮取土器两个（取土器平面如图 1.5 所示），其规格为长 55cm，宽 17cm，高 5cm，毛刷两把（宽 10cm、5cm 的各一把），刮土刀两把，小手锯两把，小锯片两个，小土铲两把，枝剪两把，一瓶乳胶（聚醋酸乙烯乳液），锄头（铁铲）一把，钢卷尺两个，纤维板一块（长 55cm，宽 17cm，厚 1cm）。

②整理取土剖面。在选定的典型的土壤剖面的垂直壁上，先用长 55cm、宽 17cm、厚 1cm 的纤维板和钢卷尺从土表开始，从上往下，将纤维板盖在剖面壁上，用刮土刀在纤维板的两侧，沿纤维板的边缘从上往下，划出深沟，沟深不少于 5cm，划出一个高 50cm、宽 17cm 的长方形。取下纤维板，然后用锄头小心沿已划出深沟将两侧的土锄去，使土柱凸出，并在土柱两侧出现两个凹面，各宽 1.5cm，深与土柱同高。修理土柱，使其成为一个高 50cm、宽 17cm、厚 10cm 的背面底部与原剖面壁相连的土柱。修出土柱的长宽可用纤维板来对照，削去多余的土，要求修出土柱的两侧平、滑、直。然后用刮土刀在土柱的上表面与两个侧面，从外向内 5cm，划出一条直线。

③取土柱。在取土器的内表面垫上报纸（可有效保护在安放、取下取土器时，土柱的外表面不被破坏，特别是土壤含水量大时），将取土器套在土柱上，取土器

中间面板的下边缘应与土柱的下边缘平齐，将取土器的两个侧翼板包在土柱上，以一个人的两手扶住，另外两个人分别在左右两侧，各拿一把小土铲，沿着第②步划出的距剖面壁表面 5cm 的土柱两侧的平行线，在土柱两侧将土柱切出一条深 5cm 左右的斜沟。然后用手锯沿左右两条沟将土柱从背面锯断。最后，在取土器的下缘，用手锯锯断土柱上下层之间的联系，不待手锯抽出，则由原来扶住取土器的人扶住取土器的上部，再由另一人扶住取土器的下部，两人均以自己的左右手的拇指按住取土器的面板，其余四指及手掌按住已锯断的土柱的背面及取土器的侧面可折叠板，慢慢地将取土器及土柱向前倾斜，逐步放平。在挖土柱与原剖面壁之间的斜沟时，应注意：a. 小土铲要背向取土器，才不会破坏土柱。b. 在挖掘时，如出现石块，则不要挖出，应向剖面壁深挖，力求将石块留在土柱内。c. 如遇植物的根系，应用枝剪剪断。

④修土柱。土柱从剖面上取下后，平放在地上，应用毛刷将较散的细碎的土从土柱的横向扫去，然后，用小锯片将土柱超出取土器的侧板高度（5cm）的土锯松、锯细，也用毛刷横向扫去。这样边锯边扫，直到土柱的厚度和取土器的侧板高度一致。整个修理过程，土柱都是包裹在取土器中的。

在锯细的过程中，如遇到石块，则只宜先锯松石块周围的土，扫去土后，待看到石块未穿透整个土柱，则可用刀尖小心挑去，力求不使周围的土松动，待石块挑去后，土柱背面出现的空洞，则用小土铲在剖面壁上相应层次上取土填上。如石块较大或较松散，则应锯去高出取土器两侧折叠片的石块。而如石块已深陷入土柱，且不超出折叠片上边缘的高度，则不需挑去。

⑤将事先准备好的纤维板的两头各留下 2cm（预留作护木条的位置）涂上原汁乳胶（即前述聚醋酸乙烯乳液），并贴在已削平的土柱背面，这时土柱被贴在了纤维板中间。

⑥然后将取土器翻个身，使纤维板紧靠地面，轻轻将取土器的两侧折叠片折起，将整个取土器从土柱上取下，将垫在土柱上的报纸揭去。

⑦将取土器的两个折叠片折成与取土器面板相反，再将取土器平放在地面上，托起上面有土柱的纤维板，正放在取土器的面板上，再将两侧的两个折叠片折起，包紧土柱。用毛刷横向将土柱清扫一遍，直到土柱的颜色、结构、层次、饱满程度都达到最满意时为止。

⑧用一容器，装上水，然后倒入适量的乳胶，水胶比是 1.5：1~3.5：1，如质地粗，而土柱显松散的则水胶比小，如质地细黏，土柱显紧实，则水胶比可大。倒入水中后，搅拌至乳胶无明显丝条出现时，则用毛刷蘸取，慢慢依次滴在土柱上，让其自然下渗，待胶水干后即成一标本。在一般高湿晴天，需 3~4 小时可晒干，或是在室内自然干燥。如急需时，也可在室内用电吹风、红外灯等通风加温，促其快速干燥。

⑨待胶水干后，将纤维板平稳地从取土器上托起放下，然后取两根长55cm、宽5cm、厚2cm的木条作土柱的侧护木条，以及两根长17cm、宽5cm、厚2cm的木条，作土柱的两头木护条钉成木框（其内容积以紧贴在土柱的长、宽两个侧面为宜，其中，侧护木条与纤维板的底部平齐，而较短的两头护木条则在纤维板的两头预留出各2cm的位置），则可稳定地套在土柱上。

⑩在土柱的右侧木护条的外侧面上，贴上标签。

⑪在采样修土柱时，当把上段的50cm土柱取下后，再在原点上，重复第2步的操作，取下余下的50cm的下层土壤样品。因此取下的整段标本，应是具上、下段的各50cm高的土柱各一。在实际中，由于耕作土壤和自然土壤在发育上的差别，很多种土壤特别是坡积、残积母质或是岩成土壤，土层不到100cm，因此只能做成50cm的一段标本，为了统一管理，在展览陈列时，则将两块（上、下）标本左右相接并排放在一起，标明上、下，成为一个完整的土壤整段标本，如土层不到50cm，则只制作一段标本陈列。如在采样点不便将取土器进行翻身，可在第⑤步完成后，在取土器两头用两块木护条（长17cm、宽5cm、厚2cm）盖住，用布条捆紧，带回室内，再进行第⑤步以后的操作。经此改动后所形成的制作方法，缺点是仍然要修土柱，而在一些含石块较大较多的土壤中，由于土柱难以修成，其制作效果亦不是很好。

本方法的优点及注意事项：

第一，采土器两边的折叠片无须打孔，在具体操作时，由一个人的两手夹住，以不掉土为宜。这样，松紧适度，并可较好地处理石砾、黏重土、偏砂质地的影响。

第二，取下来的土柱，只是做初步的削去多余的土及垫上纤维板后的削平，而不再削平至1cm的处理，这样取下的土柱（样）重3600~5600g、长50cm、宽17cm、厚4cm，再加上纤维板则重4200~6200g。

第三，采集的土壤标本仅用乳胶是不可能固定的，因而，浇上乳胶的兑水液后须在四周用木条来保护固定，而底部则用纤维板作底板。这样既便于运输，也方便保存、堆放。如此，最后制成的土壤标本由土壤样品、纤维板、护木条三部分组成，则整个标本重4700~6700g、厚5cm、长55cm、宽20cm。

第四，最后制成的标本，如直立，则土壤样品仍易从纤维板上散碎、脱落，但斜立保持与地面成30°，则仍较适合参观者的视角，便于观看，标本也不易散碎、滑动、脱落，能基本保持原状。

4）农化样品的采集

（1）采样点的要求及采样方法

结合生产任务的野外实习，往往也要采集土壤的农化分析样品。农化样品一般是采耕作土壤的耕作层，每个样点的采土深度一般为20cm，水田可按15cm采样。

样点布设方式因地块形状而异，一般有方格法、蛇形曲线法、棋盘法等几种布点方式，见图 1.6。地块呈长条形而又地力不均匀者，采用蛇形曲线布点方式；地块呈正方形而又面积不大者，采用方格布点方式；地块大而地力不均匀者，采用棋盘式布点方式。

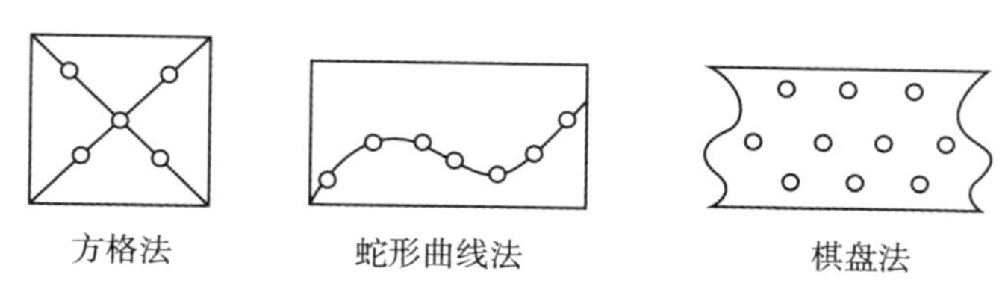

图 1.6 混合样品采集的方法

①方格法又叫对角线法，一般适用于面积较小、接近方形、地势平坦、肥力较均匀的田块，取样点不少于 5 个。

②蛇形曲线法，一般适用于面积较大、地势不太平坦、肥力不均匀的田块，按此法采样，在田间曲折前进分布样点，至于曲折的次数则以田块的长度、样点密度而变化，一般在 3~7 次。

③棋盘式采样法，一般适用于面积中等、形状方整、地势较平坦而肥力不太均匀的大田块，取样点一般不少于 10 个。

（2）混合样品采样的时间

土壤中有效养分含量随季节改变而有很大变化，如：冬季有效磷、钾含量一般较高。采集土样时注意时间因素，同一时间内采集土壤的分析结果才能相互比较。分析土壤养分供应情况时，一般都在晚秋或早春等农闲时间采集土样。

（3）采样点的要求

为了评定土壤耕层肥力或研究植物生长期内土壤耕层中养分供求情况，采用只取耕层 0~20cm 深度的土样，对作物根系较深的或熟土层较厚的土壤，可以适当增加采样深度。

采样点的选择一般可根据土壤、作物、地形、灌溉条件等划分采样单位。在同一采样单位里地形、土壤、生产条件应基本相同。土壤的混合样品是由多点混合而成的，一般采样区的面积小于 10 亩时，可取 5 个点的土壤混合；面积为 10~40 亩时，可取 5~15 个点的土壤混合；面积大于 40 亩时，可取 15~20 个点的土壤混合。在丘陵地区，一般 5~10 亩可采一个混合样品；在平原地区，一般 30~50 亩可采一个混合样品。

（4）混合土样采样的要求

①每个采样点采集土样的厚度、深度、宽窄应大体一致，如图 1.7 所示。

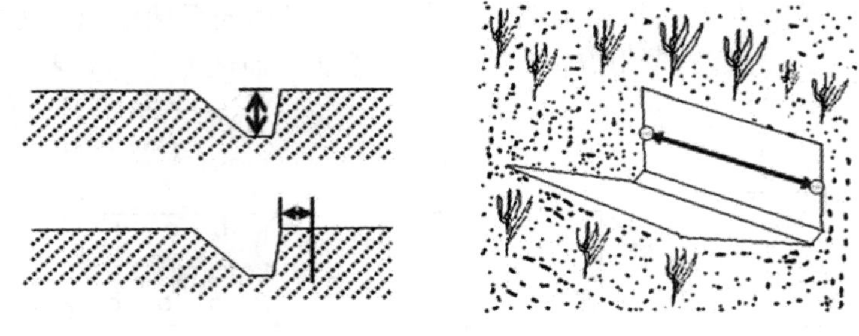

图 1.7 采样图

②各点随机决定，在田间一般按“S”形路线采样。

③采样点应避开田边、路边、沟边、树边、特殊地形部位、堆过肥料的地方。

④一个混合样品是由均匀一致的许多点组成的，各点的差异不能太大。

⑤一个混合样品重量在 1kg 左右，如果重量超出很多，可以把各点采集的土壤放在一个木盆里或放在塑料布上用手捏碎摊平，按四分法取样（见图 1.8），最后留取土样 0.5~1kg。附上标签，要做好采样记载。

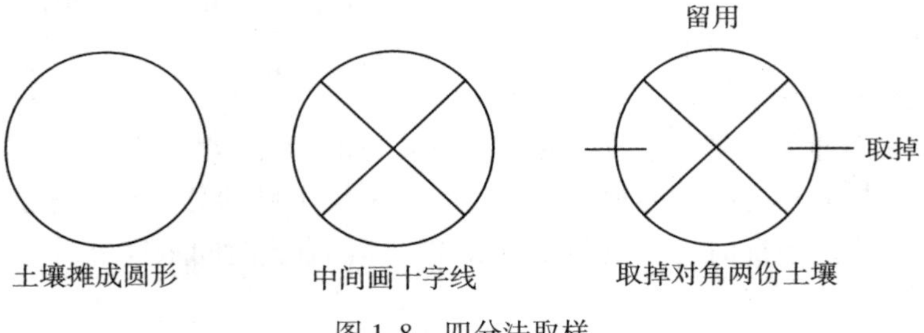

图 1.8 四分法取样

⑥几个相互比较的样品组应由同等数量的土样组成。

⑦测定土壤微量元素的土样采集，应特别注意采样工具的选择，要用不锈钢土钻、土铲、塑料布、塑料袋等，防止污染土样。

⑧把所需样品装入塑料袋或布袋中，附上标签，标签一式两份，一份放于袋里，一份扣在袋上，防止标签丢失导致样品混淆。标签用铅笔书写，注明采样地点、采土深度、采样日期、采样人等。

5）旅游山体样品的采集

如果是旅游山体或风景区，分析评价游人对土壤理化性状或生态环境的影响，则应该有旅游人行通道，每小组在采样的时候，在步道两侧或景点垂直方向设置样区（图 1.9）、样区起点（在石板步道，样区起点从石板边沿开始；在非石板步道，样区起点从步道的中线开始），样区包括 5 个连续的 2m×1m 的小样方（样方长平行于步道），将与步道相邻的样方记为 1 号，其他依次为 2、3、4、5 号。再沿样区垂直步道方向，在未受干扰地（离 5 号样方 5m 以内，无践踏痕迹，无植物损伤即可）设一 2m×1m 的对照样方（样方长平行于步道）。对照样区选在无践踏干扰区，从连续 5 个 2m×1m 的小样方中随机选取 1 个样方作为比值样方。

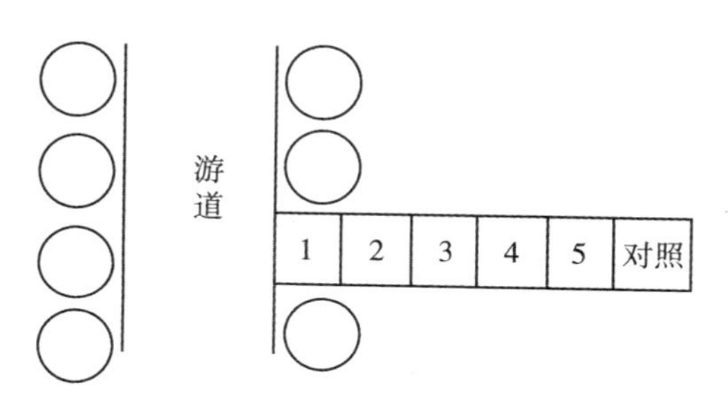

图 1.9　样区设置方法示意

每个样方用 5 点法，采取混合土样装入小塑料袋，里外分别贴上标签。1、3、5 及对照分别用环刀取土，然后分别放入牛皮信封装好，再用小塑料袋装好，贴好标签。

2. 土壤样品的制备

从田间采来的土样，应及时进行风干，以免发霉引起性质的改变。其方法是将土壤样品弄成碎块平铺在干净的纸上，推成薄层放于室内阴凉通风处风干，经常加以翻动，加速干燥，切忌阳光直射暴晒或在有盐碱的环境中风干，风干后的土样再进行磨细过筛处理。

进行物理处理时，取风干土 100~200g，放在油布或牛皮纸上用圆木棍碾碎，如此反复进行，使其全部土壤过筛，留在筛上的碎石称重后须保存，以备碎石称重计算之用。同时将过筛的土样称重，以计算碎石百分含量，然后将土样混匀后盛于广口瓶或纸袋中，作为土粒分析及其他物理性质测定之用。若在土壤中有铁锰结核、石灰结核、铁子或半风化体，绝不能用木棍碾碎，应细心拣出、称重、保存。

化学分析时，取风干样品一份，仔细挑去石块、根茎及各种新生体和侵入体，再用圆木棍将土样碾碎，使其全部通过 2mm 筛，这种土样可供速效性养分及交换性能、pH 值等项目的测定。分析有机质等项目时，可取一部分已通过 2mm 筛的土样进行研磨，并完全通过 0. 25mm 筛为止。根据不同的测定项目选择不同的筛孔直径。研磨过筛后的样品混匀后，即可装瓶或装入纸袋中，并贴上标签，写上姓名、时间、地点、孔径大小等。保存在阴凉、干燥处。

在土壤分析工作中所用的筛子有两种，一种以筛孔的大小表示，如孔径为2mm、1mm、0.5mm等；另一种以每英寸长度上的孔数表示，如每英寸长度上有40孔，为40目筛子，每英寸长度上有100孔，为100目筛子，孔数愈多，孔径愈小。筛目与孔径之间的关系可用下列简式表示：

$$筛孔直径=\frac{16}{1\ 英寸孔径} \quad (1\ 英寸=25.4\mathrm{mm})$$

3. 土壤样品的保存

制备好的样品经过充分混匀，装于洁净的玻璃塞广口瓶或聚乙烯瓶或自动封口塑料袋中，内外各具标签一张，写明编号、采样地点、土壤名称、深度、筛孔(粒径)、采样日期和采样人等。所有样品都需按编号专册登记。制备好的土样要妥善保存，在常温、阴凉、干燥、避光、密封条件下保存。避免日光、高温、潮湿和有害气体的污染。一般土样保存半年至一年，直至全部分析工作结束，分析数据核实无误后，才能处理或弃之。

【注意事项】

除硝态氮、氨氮、二价铁、水分等测定项目需要新鲜土样进行分析外，一般分析项目都用风干土样。需要特别注意的是，微量元素样品不能放在报纸上风干。

【思考题】

(1) 采集土壤样品应该注意什么?

(2) 采集一个代表性的混合样品有哪些要求?

实验二　土壤质地的测定

一、比重计法

【目的意义】

土壤质地是不同粒径矿物质颗粒的百分含量，反映着土壤基本的理化性质，对土壤的水分状况、通气状况、热特性、保肥供肥能力以及机械物理性质都有着极为重要的影响，质地也是土壤分类的依据之一。在生产实践中，为搞好耕种、灌溉、施肥，必须对质地有所认识，而土壤改良的实践，在很大程度上和质地有关。

【原理方法】

将经化学物理处理而充分分散成单粒状的土粒在悬液中自由沉降，经过不同时间，用比重计测定悬液的比重，比重计上的读数直接指示出悬液的比重。而这部分土粒的半径（或直径）可以根据司笃克斯定律计算，从已知的读数时间（即沉降时间 t）与比重计浮在悬液中所处的有效沉降深度（L）值（土粒实际沉降距离）计算出来，确定土壤质地，而比重计速测法，可按不同温度下土粒沉降时间直接测出所需粒径的土粒含量。

【仪器试剂】

（1）甲种比重计［鲍氏（Bouyoucos）比重计］，刻度范围 0~60，最小刻度单位 1g · L。刻度代表比重计所处深度上的土壤悬液的平均比重，单位为每升克数。

（2）1000mL 量筒（作沉降筒用）。

（3）带多孔平板的搅拌棒。

（4）500mL 三角瓶及带橡皮头的玻璃棒。

（5）100mL 量筒。

（6）温度计。

（7）天平。

（8）0. 5mol · L^{-1}六偏磷酸钠溶液：称取 51g 六偏磷酸钠（$(NaPO_3)_6$，化学纯），加蒸馏水溶解后，定容至 1000mL，摇匀。

（9）0. 5mol · L^{-1}氢氧化钠溶液：称取 20g 氢氧化钠（NaOH，化学纯），加蒸馏水溶解后，定容至 1000mL，摇匀。

（10）0. 5mol · L^{-1}草酸钠溶液：称取 35. 5g 草酸钠（$Na_2C_2O_4$，化学纯），加蒸馏水溶解后，定容至 1000mL，摇匀。

（11）2%碳酸钠溶液：称取 2g 碳酸钠（Na_2CO_3，化学纯）溶于 100mL 蒸馏水中。

（12）软水制备：将 200mL 2%的碳酸钠（Na_2CO_3，化学纯）加入 15000mL 自来水中，待静置一夜澄清后，上部清液即为软水。2%的碳酸钠的用量视各地自来水的硬化度而定，硬化度越大，2%的碳酸钠的用量越多。

【基本步骤】

（1）称样：称取 2mm 的风干土 50. 0g，置于 500mL 烧杯中，加软水湿润样品。

（2）分散剂的选择：根据土壤 pH 值，分别选用下列分散剂：

石灰性土壤（50g 样品）：加 0. 5mol · L^{-1}六偏磷酸钠溶液 60mL；

中性土壤（50g 样品）：加 0. 5mol · L^{-1}草酸钠溶液 20mL；

酸性土壤（50g 样品）：加 0. 5mol · L^{-1}氢氧化钠溶液 40mL。

在加入化学分散剂后，必须对样品进行物理分散，以保证土粒的充分分散。

（3）分散土样：根据土壤的酸碱度选择分散剂。酸性土壤加 0. 5mol · L^{-1}氢氧化钠溶液 40mL、中性土壤加 0. 5mol · L^{-1}草酸钠溶液 20mL、碱性土壤加 0. 5mol · L^{-1}六偏磷酸钠溶液 60mL。

先向烧杯中加入约一半分散剂，静置片刻，使分散剂充分作用，然后用带橡皮头的玻璃棒研磨土样，研磨时间视土样而定，黏质土壤不少于 20min，壤质土壤和砂质土壤不少于 15min，使完全分散，然后把剩余的分散剂加入，再研磨 5 ~ 10min，使其充分分散。

（4）悬液制备：将烧杯中分散好的土样转入 1000mL 量筒（沉降筒），用软水多次冲洗烧杯，务必使土样及分散剂全部转移入量筒。将盛有土样悬液的量筒用软水定容至 1000mL，量筒放在温度变化小的平稳的桌面上，注意避免有日光照射或强烈气流的地方。

（5）搅拌悬液：用搅拌棒搅拌悬液，测悬液中部的温度，按表 1. 1 中所列悬液温度与测定小于 0. 01mm 粒径颗粒所需要沉降时间的关系，查出比重计读数的时间。上下搅动悬液 1min（约 30 次），使悬液均匀分散，搅拌的上下速度均匀，搅拌棒向下时要触及量筒底部，使全部土粒能悬浮，搅拌棒向上时全片不能露出液面，一般离液面 3~5cm 处即可，否则会使空气压入悬液，影响土壤开始的沉降速度。搅拌后如悬液发生气泡，应滴加异戊醇消泡。

（6）计时沉降：搅拌棒离开液面时开始计时。

（7）测定比重：提前 30 s 将比重计轻轻垂放在悬液中，准备读数，到测定时间，立即读取比重计读数。(因悬液混浊，读数以液面上缘为准。)

表 1.1　　不同温度下小于某粒径土粒沉降所需时间

温度（℃）	粒径<0.05mm			粒径<0.01mm			粒径<0.005mm			粒径<0.001mm		
	时	分	秒	时	分	秒	时	分	秒	时	分	秒
4		1	5		43		2	55		48		
6		1	2		40		2	50		48		
8		1	20		37		2	40		48		
10		1	18		35		2	25		48		
12		1	12		33		2	20		48		
14		1	10		31		2	15		48		
16		1	6		29		2	5		48		
18		1	2		27	30	1	55		48		
20			58		26		1	50		48		
22			55		25		1	50		48		
24			54		24		1	45		48		
26			51		23		1	35		48		
28			48		21	23	1	30		48		
30			45		20		1	28		48		
32			45		19		1	25		48		
34			44		18	30	1	20		48		
36			42		18		1	15		48		
38			9		17	30	1	15		48		
40			37		17		1	10		48		

（8）比重计校正：

①刻度与弯液面校正：

由于比重计在制作时，刻度不易准确，故需校正，另外，当比重计玻璃杆上升形成弯月面高出悬液面，在测定时悬液面呈混浊状，读数无法以悬液面为准，只能读弯月面上缘，故需加以弯月面校正。可将刻度与弯月面的校正合并进行。

根据表 1.2 中列的数量称取 105℃烘干的 Nacl（二级）配制标准溶液各 1L，将各溶液分别倒入 1L 量筒中，把待校正的比重计按溶液浓度由小到大的次序，在各标准溶液中进行实际测定，读数应以弯月面上缘为准。且溶液应多次读数，取其平均值，算出各读数的校正值。

表 1.2　　甲种比重计刻度及弯月液面校正记录表

20℃的比重计的准确读数（$g \cdot L^{-1}$）	20℃时标准溶液重量（$g \cdot mL^{-1}$）	每升标准溶液中所需的 NaCl 含量（g）	实验时温度（℃）	校正时由比重计测定的平均读数	刻度及弯液面校正值
0	0.998232	0	20	−0.6	+0.6
8	1.001349	4.55	20	4.0	+1.0
10	1.004465	8.94	20	9.4	+0.6
15	1.007582	13.30	20	15.1	−0.1
20	1.010698	17.79	20	20.2	−0.2
25	1.013815	22.30	20	25.0	0
30	1.016931	26.73	20	29.5	+0.5
35	1.020048	31.11	20	34.5	+0.5
40	1.023165	35.61	20	39.7	+0.3
45	1.026281	40.32	20	44.4	+0.6
50	1.029398	44.88	20	49.4	+0.6
55	1.032514	49.56	20	54.4	+0.6
60	1.035631	54.00	20	0.3	−0.3

②温度校正：

土壤比重计都是在 20℃时校正的，测定温度改变时，会影响比重计浮泡体积及水的密度，一般根据表 1.3 进行校正。

③土粒比重校正：

比重计的刻度是以土粒比重为 2.65 作标准的，土粒比重改变时，可将比重计读数乘以表 1.4 中相应土粒比重的校正值，即得校正后读数。一般情况下，当土粒比重变化差异不大时，比重计校正可以忽略不计。

表 1.3 **甲种比重计温度校正表**

温度（℃）	校正值	温度（℃）	校正值
6.0~8.5	-2.2	23.5	+1.1
9.0~9.5	-2.1	24.0	+1.3
10.0~10.5	-2.0	24.5	+1.5
11.0	-1.9	25.0	+1.7
11.5~12.0	-1.8	25.5	+1.9
12.5	-1.7	26.0	+2.1
13.0	-1.6	26.5	+2.2
13.5	-1.5	27.0	+2.5
14.0~14.5	-1.4	27.5	+2.6
15.0	-1.2	28.0	+2.9
15.5	-1.1	28.5	+3.1
16.0	-1.0	29.0	+3.3
16.5	-0.9	29.5	+3.5
17.0	-0.8	30.0	+3.6
17.5	-0.7	30.5	+3.8
18.0	-0.5	31.0	+4.0
18.5	-0.4	31.5	+4.2
19.0	-0.3	32.0	+4.6
19.5	-0.1	32.5	+4.9
20.0	0	33.0	+5.2
20.5	+0.15	33.5	+5.5
21.0	+0.3	34.0	+5.6
21.5	+0.45		
22.0	+0.6		
22.5	+0.8		
23.0	+0.9		

表 1.4 **甲种比重计土粒比重校正值**

土粒比重	校正值	土粒比重	校正值	土粒比重	校正值	土粒比重	校正值
2.50	1.0375	2.60	1.0118	2.70	0.9889	2.80	0.9650
2.52	1.0332	2.62	1.0070	2.72	0.9847	2.82	0.9648
2.54	1.0260	2.64	1.0023	2.74	0.9805	2.84	0.9611
2.56	1.0217	2.66	0.9977	2.76	0.9768	2.86	0.9575
2.58	1.0166	2.68	0.9933	2.78	0.9725	2.88	0.9540

④分散剂校正：

分散剂校正值（$g \cdot L^{-1}$）= 加入分散剂的毫升数×分散剂的摩尔浓度×分散剂的摩尔质量×10^{-3}

采用 0.5$mol \cdot L^{-1}$氢氧化钠溶液 40mL 时，分散剂校正值为 0.80$g \cdot L^{-1}$；

采用 0.5$mol \cdot L^{-1}$草酸钠溶液 20mL 时，分散剂校正值为 0.67$g \cdot L^{-1}$；

采用 0.5$mol \cdot L^{-1}$六偏磷酸钠溶液 60mL 时，分散剂校正值为 3.06$g \cdot L^{-1}$。

【结果计算】

校正后读数=原读数+比重计刻度弯月面校正值+温度校正值-分散剂校正值

1. 将风干土重换算成烘干土重

$$烘干土重 = \frac{风干土重}{1 + \dfrac{吸湿水}{100}}$$

2. 计算粒径小于 0.01mm 土粒的百分含量

$$小于 0.01mm 土粒 \% = \frac{比重计读数 - 空白值}{烘干土样重} \times 100 \%$$

根据小于 0.01mm 土粒的含量百分数，查卡钦斯基土壤质地分类表，确定土壤质地名称。

【思考题】

按照卡钦斯基土壤质地分类表，如果所测土壤为灰化土类，其粒径小于 0.01mm 的土粒含量为 32.5%，那么该土壤为何种土壤？

二、手摸质地法（适用于野外）

【目的意义】

同比重计法。

【原理方法】

根据各粒级颗粒具有不同的可塑性和黏结性估测土壤质地类型。砂粒粗糙，无黏结性和可塑性；粉粒光滑如粉，黏结性与可塑性微弱；黏粒细腻，表现出较强的黏结性和可塑性；不同质地的土壤，各粒级颗粒的含量不同，表现出粗细程度与黏结性和可塑性的差异。本次实验主要学习湿测法，就是在土壤湿润的情况下进行质地测定。

【仪器试剂】

胶头滴管、水。

【基本步骤】

置少量（约 2g）土样于手中，加水湿润，同时充分搓揉，使土壤吸水均匀（即加水于土样刚好不粘手为止）。然后按表 1.5 规格确定土壤质地类型。

表 1.5　**田间土壤质地鉴定标准**

质地名称	土壤干燥状态	干土用手研磨时的感觉	湿润土用手搓捏时的成形性	放大镜或肉眼观察
砂土	散碎	几乎全是砂粒，极粗糙	不成细条，亦不成球，搓时土粒自散于手中	主要为砂粒
砂壤土	疏松	砂粒占优势，有少许粉粒	能成土球，不能成条（破碎为大小不同的碎段）	砂粒为主，杂有粉粒
轻壤土	稍紧、易压碎	粗细不一的粉末，粗的较多，粗糙	略有可塑性，可搓成粗 3mm 的小土条，但水平拿起易碎断	主要为粉粒
中壤土	紧密、用力方可压碎	粗细不一的粉末，稍感粗糙	有可塑性，可成 3mm 的小土条，但弯曲成 2～3cm 小圈时出现裂纹	主要为粉粒
重壤土	更紧密、用手不能压碎	粗细不一的粉末，细的较多，略有粗糙感	可塑性明显，可搓成 1～2mm 的小土条，能弯曲成直径 2cm 的小圈而无裂纹，压扁时有裂纹	主要为粉粒，杂有黏粒

续表

质地名称	土壤干燥状态	干土用手研磨时的感觉	湿润土用手搓捏时的成形性	放大镜或肉眼观察
黏　土	很紧密不易敲碎	细而均一的粉末，有滑感	可塑性、黏结性均强，搓成1～2mm的土条，弯成的小圆圈压扁时无裂纹	主要为黏粒

【思考题】

（1）为什么分散剂都用钠盐溶液？
（2）为什么用于研磨土样的玻璃棒要带橡皮头？
（3）土粒悬液搅拌前为什么要测量温度？沉降期间为什么不能搬动沉降筒？
（4）作空白校正的目的是什么？

实验三　土壤水分的测定

一、土壤吸湿水的测定

【目的意义】

吸湿水是土粒通过吸附力吸附空气中水汽分子所保持的水分，风干的土壤都含有吸湿水，其含量视大气的湿度及土壤性质而异。为了使各个土样能在一致的基础上比较其理化性质，使整个分析得到合理的相对性数值，所以在计算各物质含量的百分比时，都以“烘干土”作为基数。因此，在土壤分析之前，必须测定土壤吸湿水的含量。

【原理方法】

风干土壤样品中的吸湿水在105~110℃的烘箱中可被烘干，从而可求出土壤失水重量占烘干后土重的百分数。在此温度下，自由水和吸湿水都被烘干，然而土壤有机质不能被分解。

【仪器设备】

铝盒、分析天平（0.0001g）、角匙、烘箱、坩埚钳、干燥器、瓷盘。

【基本步骤】

（1）取一干净又经烘干的有标号的铝盒（或称量瓶），在分析天平上称重为A。

（2）加入风干土样5~10g（精确到0.0001g），并精确称出铝盒与土样的总重量B。

（3）将铝盒盖斜盖在铝盒上面呈半开启状态，放入烘箱中，保持烘箱内温度为105℃±2℃，烘6h。

（4）待烘箱内温度冷却到50℃时，将铝盒从烘箱中取出，并放入干燥器内冷却至室温称重，然后再启开铝盒盖烘2h，冷却后称其恒重，前后两次称重之差不大于3mg。

【结果计算】

$$该土样吸湿水的含量(\%) = \frac{(B - A) - (C - A)}{C - A} \times 100\%$$

$$= \frac{风干土重-烘干土重}{烘干土重} \times 100\%$$

【注意事项】

（1）要控制好烘箱内的温度，使其保持在 105℃±2℃，过高或过低都将影响测定结果的准确性。

（2）干燥器内所放的干燥剂要在充分干燥的情况下方可放入烘干土样，否则干燥剂要重新烘干或更换后方可放入干燥器中。

二、田间持水量的测定

【目的意义】

田间持水量是反映土壤保水能力大小的一个指标。地下水较深时，是土壤中所能保持悬着水的最大量，是对作物有效的最高土壤含水量。利用田间持水量可以鉴定农田水分供给状况，是进行农田灌溉的依据。

【原理方法】

田间持水量是指土壤中悬着毛管水达到最大量时的土壤含水量，是土壤不受地下水影响所能保持水量的最大值。田间持水量的形式包括：吸湿水、膜状水、悬着毛管水。当含水量达到田间持水量时，若继续供水，并不能使该土体的持水量再增大，而只能进一步湿润下层土壤。田间持水量长期以来被认为是土壤所能稳定保持的最高土壤含水量，也是对作物有效的最高的土壤水含量，且被认为是一个常数，常用来作为灌溉上限和计算灌水定额的指标，对农业生产及抗旱有着指导意义。

常用的田间持水量测定方法有田间测定法和室内测定法。田间测定法所得结果可靠，本实验采用田间测定法测定土壤田间持水量。

【仪器设备】

铁锹、锤子、铁框（50cm×50cm 和 25cm×25cm 各 1 个）、草席、塑料布、水桶、土钻、铝盒、天平（0.01g）、厘米尺。

【基本步骤】

（1）在田间选择具有代表性的地块，面积不小于 0.5m²，仔细平整地面。

（2）将铁框击入平整好的地块6~7cm深，其中大框（50cm×50cm）在外，小框（25cm×25cm）在内，大小框之间为保护区，其间距离要均匀一致。小框内为测定区。

（3）在上述地块旁挖一剖面，测定各层容重及其自然含水量。从而计算出总孔隙度及自然含水量所占容积（%），然后根据总孔隙度与现有自然含水量所占容积（%）之差，求出实验土层（一般为1m左右）全部孔隙都充满水时应灌水的数量，为保证土壤充分渗透，实际灌水量将为计算需水量的1.5倍。按下式计算测试区和保护区的灌水量：

$$\text{灌水量}(m^3) = H(a - w) \times d \times s \times h$$

式中：a——土壤饱和含水量（%）；

w——土壤自然含水量（%）；

d——土壤容重（g/cm^3）；

s——测试区面积（m^2）；

h——土层需灌水深度（m）；

H——使土壤达饱和含水量的保证系数。

H值大小与土壤质地、地下水位深度有关，通常为1.5~3，一般黏性土或地下水位浅的土壤选用1.5，反之，选用2或3。

（4）灌水前在测试区和保护区各插厘米尺一根，灌水时，为防止土壤冲刷，应在灌水处铺上草或席子。

（5）灌水时先往保护区灌水，灌到一定程度后，立即向测定区灌水，使内外均保持5cm厚的水层，一直到灌完为止。

（6）灌水完毕，土表要用草或席子以及塑料布盖严，以防蒸发和雨淋。

（7）取样时间，一般砂土类、壤土类在灌水后24h取样，黏土类必须在48h或更长时间以后方可采样测定。

（8）采样于测定区按正方形对角线打钻，每次打3个钻孔，从上至下按土壤发生层分别采土15~20g（精确到0.01g），放入铝盒，测其含水量。以后每天测定一次，直到前后两天的含水量无显著差异，水分运动基本平衡为止。

【结果计算】

$$\text{质量田间持水量（\%）} = \frac{\text{湿土重} - \text{烘干土重}}{\text{烘干土重}} \times 100\%$$

$$\text{容积田间持水量} = \text{重量田间持水量} \times \text{容积}$$

【注意事项】

因地下水位的高低可影响所测得的田间持水量的数值，因此在报所测田间持水量的结果时必须注明地下水的深度。

三、自然含水量的测定

自然含水量的测定方法很多，这里主要介绍酒精烘烤法、酒精烧失速测法、烘干法。

（一）酒精烘烤法

【目的意义】

土壤自然含水量是指田间土壤中实际的含水量，它随时在变化之中，不是一个常数。其测定的主要目的是了解田间土壤的实际含水情况，以便及时进行播种、灌排、保墒措施，以保证作物的正常生长；或联系作物长相、长势及耕作栽培措施，总结丰产的水肥条件。

【原理方法】

在土壤中加入酒精，在105~110℃下烘烤时可以加速水分蒸发，大大缩短烘烤时间，又不至于因有机质的烧失而造成误差。

【仪器试剂】

酒精、吸管、烘箱、铝盒。

【基本步骤】

（1）取已烘干的铝盒，称重为 W_1（g）。

（2）加土壤约5g平铺于盒底，称重为 W_2（g）。

（3）用橡皮头吸管滴加酒精，使土样充分湿润，放入烘箱中，在105~110℃条件下烘烤30min，取出冷却，称重为 W_3（g）。

【结果计算】

$$土壤水分含量(\%) = \frac{W_2 - W_3}{W_3 - W_1} \times 100\%$$

土壤分析一般以烘干土计重，但分析时又以湿土或风干土称重，故需进行换算，计算公式为：

应称取的湿土或风干土样重=所需烘干土样重×（1+水分含量）

（二）酒精烧失速测法

【目的意义】

同酒精烘烤法。

【原理方法】

酒精可与水分互溶，并在燃烧时使水分蒸发，土壤烧后损失的重量即为土壤含水量。

【仪器试剂】

酒精、铝盒。

【基本步骤】

（1）取干燥铝盒，称重为 W_1（g）。

（2）取湿土约 10g（尽量避免混入根系和石砾等杂物）与铝盒一起称重为 W_2（g）。

（3）加酒精于铝盒中，至土面全部浸没即可，稍加振摇，使土样与酒精混合，点燃酒精，待燃烧将尽，用小玻棒来回拨动土样，助其燃烧（但过早拨动土样会造成土样毛孔闭塞，降低水分蒸发速度），熄火后再加酒精 3mL 燃烧，如此进行 2~3 次，直至土样烧干为止。

（4）冷却后称重为 W_3（g）。

【结果计算】

同酒精烘烤法。

（三）烘干法

【目的意义】

同酒精烘烤法。

【原理方法】

将土样置于 105℃±2℃的烘箱中烘至恒重，即可使其所含水分（包括吸湿水）全部蒸发殆尽以此求算土壤水分含量。在此温度下，有机质一般不致大量分解损失影响测定结果。

【仪器设备】

烘箱、铝盒。

【基本步骤】

（1）取干燥铝盒，称重为 W_1（g）。

（2）加土样约5g于铝盒中，称重为 W_2（g）。

（3）将铝盒放入烘箱，在105~110℃下烘烤6h，一般可达恒重，取出放入干燥器内，冷却20min可称重。必要时，再烘1h，取出冷却后称重，两次称重之差不得超过0.05g，取最低一次，称量为 W_3（g）。

注：质地较轻的土壤，烘烤时间可以缩短，即5~6h。

【结果计算】

同酒精烘烤法。

【注意事项】

干旱地区土壤，可忽略水分影响，以风干土量来计算；南方地方土壤，风干土中水分不能忽略，必须将风干土重换算成烘干土重，纳入计算。

实验四　土壤容重、比重和孔隙度的测定

一、土壤容重的测定

【目的意义】

土壤容重、比重和孔隙度是土壤松紧状况的反映，而土壤的松紧状况与土壤一系列理化性质、耕作情况等密切相关，因此测定土壤容重、比重和孔隙度的大小，可以作为判断土壤肥力高低的一项重要指标。

【原理方法】

用一定体积的钢制环刀，切割自然状态下的土壤，使土壤恰好充满环刀容积，然后称重，根据土壤自然含水量计算每单位体积的烘干土重即土壤容重。

【仪器设备】

环刀（用无缝钢管制成，一端有刀口，便于压入土中）、环刀托（上有两个孔，在环刀采样时，空气由此排出）、削土刀（刀口要平直）、剖面刀、消防铁铲、木棰、天平等。

【基本步骤】

（1）测量并计算环刀的容积（A）（$A=\pi r^2 h$，式中 r 为环刀的内半径，h 为环刀高度），并称重（B）。

（2）在田间选取一代表地段，挖土壤剖面，依剖面层次由上至下分层取土测定容重，测定时，用剖面刀修平土壤剖面，把环刀盖套在环刀背上，将环刀垂直压入土壤，直至环刀底孔上有土出现为止。用铁锹将环刀周围土壤挖去，并使其下方留有一些多余的土壤，取出环刀，用削土刀刮去黏附在环刀壁上的土壤，并削平环刀两端的土壤，使之与刀口齐平。在同一地点采土样约100g置于铝盒中，带回测定土壤比重。

（3）用干布擦净黏附于环刀外面的土壤，称重（C），并放入烘箱内，在105℃下烘6~10h，冷却后称恒重（D）。

【结果计算】

$$土壤容重=\frac{D-B}{A}\ (\mathrm{g\cdot cm^{-3}})$$

$$土壤含水量(\%)=\frac{C-D}{D-B}\times 100\%$$

二、土壤比重的测定

【目的意义】

同上。

【原理方法】

土壤比重又称真比重，是指单位体积的固体土粒重与同体积的水重之比。土壤比重可用来计算土壤的总孔隙度，其数值大小还可以间接反映土壤的矿物质组成和有机质含量。比重瓶法测定土壤比重是借用排水称重方法测得同体积的水重，再测土壤含水量，并计算土壤比重。

【仪器设备】

比重瓶（短颈，容积 50mL 或 100mL）、天平、电炉、砂浴或电热板、温度计、滴管、小漏斗、毛巾等。

【基本步骤】

（1）取 50mL 比重瓶一只，加满蒸馏水（为了除去水中的空气，事先须将蒸馏水煮沸冷却至室温后加入瓶中，塞好瓶塞，用清洁的毛巾将瓶外的水擦干，在天平上称重，同时用温度计测定瓶的水温（t_1））。

（2）称取通过 2mm 筛的风干土样 10g，并换算成烘干土重量（W_S）。

（3）将瓶中的蒸馏水倒出，用毛巾擦干瓶的外部，然后用小漏斗将已经称好的土样小心装入比重瓶中。将蒸馏水倒入比重瓶内，使水和土的体积占比重瓶的 $\frac{1}{3}\sim\frac{1}{2}$，摇匀，为了去除土和水中的空气，须将比重瓶放在电热板或砂浴上使之沸腾（注意温度不能太高，避免瓶内土液溢出损失），并不断摇动比重瓶，以驱逐水及土壤中的空气，使水和土更好地接触，煮沸需 1h。

（4）用滴管将煮沸过的比重瓶（内盛有土样和水）瓶口上的土粒小心洗入瓶中，塞好瓶塞，待冷却至室温，用滴管加满经过煮沸的蒸馏水，并塞好瓶塞，擦干瓶的外部，称重（W_2），测记当时水的温度（t_2）。

【结果计算】

当 $t_1=t_2$ 时，

$$d=\frac{W_S}{W_1+W_S-W_2}\times\frac{d_{W_2}}{d_{W_0}}$$

式中：d——土壤比重；

W_S——烘干土样重，g；

W_2——t_2℃时比重瓶+水+土样重，g；

W_1——t_1℃时比重瓶+水重，g；W_1 经校正后为 W_3；

d_{W_2}——t_2℃时蒸馏水的比重，g · cm^{-3}，查表 1.6；

d_{W_0}——4℃时水的比重，因为 4℃时水的比重为 1，故可以省去。

表 1.6　**不同温度条件下水的比重表**

温度（℃）	比重	温度（℃）	比重	温度（℃）	比重	温度（℃）	比重
0	0.9998679	10.5	0.9996820	20.5	0.9981280	30.5	0.9955235
0.5	0.9998995	11.0	0.9996328	21.0	0.9980210	31.0	0.9953692
1.0	0.9999267	11.5	0.9995803	21.5	0.9979114	31.5	0.9952127
1.5	0.9999494	12.0	0.9995247	22.0	0.9977993	32.0	0.9950542
2.0	0.9999679	12.5	0.9994660	22.5	0.9976846	32.5	0.9948935
2.5	0.9999821	13.0	0.9994040	23.0	0.9975674	33.0	0.9947308
3.0	0.9999922	13.5	0.9993391	23.5	0.9974477	33.5	0.9945660
3.5	0.9999981	14.0	0.9992712	24.0	0.9973256	34.0	0.9943991
4.0	1.00000	14.5	0.9992003	24.5	0.9972010	34.5	0..9942303
4.5	0.9999979	15.0	0.9991265	25.0	0.9970739	35.0	0.9940594
5.0	0.9999919	15.5	0.9990497	25.5	0.9969445	35.5	0.9938867
5.5	0.9999819	16.0	0.9989701	26.0	0.9968123	36.0	0.9937119
6.0	0.9999881	16.5	0.9988876	26.5	0.9966768	36.5	0.9935351
6.5	0.9999506	17.0	0.9988022	27.0	0.9965421	37.0	0.9933565
7.0	0.9999295	17.5	0.9987141	27.5	0.9964023	37.5	0.9931760
7.5	0.9999046	18.0	0.9986232	28.0	0.9962623	38.0	0.9929936
8.0	0.9998762	18.5	0.9985295	28.5	0.9961190	38.5	0.9928093
8.5	0.9998442	19.0	0.9984331	29.0	0.9959735	39.0	0.9926232
9.0	0.9998088	19.5	0.9983341	29.5	0.9958257	39.5	0.9924352
9.5	0.9997699	20.0	0.9982323	30.0	0.9956765	40.0	0.9922455
10.0	0.9997277						

比重瓶中水重必须按室温进行校正，由表1.6查出t_1和t_2时水的比重差数，然后将此差数乘上比重瓶的体积而得X，从W_1中减去或加上X（$t_2 > t_1$时应减，$t_2 < t_1$时应加），即得校正后的比重瓶加水的重量：$W_3 = W_1 \pm X$。

例如：当在15℃称得瓶和水合重W_1，于22℃测得瓶和水合重W_2，W_1应根据温度进行校正。

因为称W_1时的温度为15℃，水的比重为0.9991265，而称W_2时的温度为22℃，水的比重为0.9977993，比重瓶体积为50 mL，则温度校正系数为

$$(0.9991265-0.9977993)\times 50=0.0013272\times 50=0.06636$$

校正后的比重瓶加水的重量：$W_3 = W_1 - 0.06636$。

【注意事项】

（1）含可溶盐及活性胶体较多的土样，须用惰性液体（如苯、甲苯、二甲苯、汽油、煤油）代替蒸馏水，而用真空抽气法排除土中空气，抽气时间不得少于半小时，并经常摇晃比重瓶，直至无气泡溢出为止，停止抽气后，仍需在干燥器中静置1min以上，用惰性液体测定比重时须用烘干土。

（2）在比重瓶中加蒸馏水后塞上有毛细管的塞子，这时要求水分充满整个比重瓶和毛细管中，切勿使瓶中留有气泡。

（3）称重前一定要用吸水纸将瓶外水滴吸干。

（4）测定土壤比重最好在25℃恒温条件下进行，无恒温条件的可按上述方法查表进行换算。

三、土壤孔隙度的测定（环刀法）

【目的意义】

同上。

【原理方法】

利用一定容积的环刀切割未搅动的自然状态的土样，使土样充分吸水膨胀，切除超出部分后称重和测定含水量，即可计算出土壤毛管孔隙度。

【仪器设备】

天平、环刀、烘箱、铝盒、干燥器、坩埚钳、刮土刀。

【基本步骤】

（1）用环刀在野外采取原状土（操作方法与土壤容重测定相同）。

（2）将环刀套上有孔并垫有滤纸的底盖放入盛有薄层水的搪瓷盆内，搪瓷盆内水深保持在 2~3mm 内。浸入时间：砂土 4~6h，黏土 8~12h 或更长时间。

（3）环刀中土样吸水膨胀后，用刮土刀削去涨到环刀外面的土样，并立即称重。

（4）称重后，用铝盒从环刀中取土 4~5g，测定土样吸水后的含水量，以换算环刀中烘干土质量。

【结果计算】

（1）土壤毛管孔隙度（P_0）：毛管水体积（即毛管水重）占土壤体积的百分含量。

$$P_0(\%) = \frac{W}{V} \times 100\%$$

式中：P_0——毛管孔隙度；

W——环刀中土壤所保持的水量，相当于水的容积，cm^3；

V——环刀容积，cm^3。

（2）土壤总孔隙度（P_t）：由土壤容重及比重的结果来计算土壤总孔隙度。

$$P_t(\%) = \left(1 - \frac{容重}{比重}\right) \times 100\%$$

（3）土壤非毛管孔隙度（P_n）：等于土壤总孔隙度与毛管孔隙度之差。

$$P_n(\%) = P_t(\%) - P_0(\%)$$

实验五 土壤水吸力的测定

【目的意义】

土壤水吸力是反映土壤水分能态的指标，它是在水分随一定土壤吸力状况下的水分能量状态，以土壤对水的吸力来表示。植物从土壤中吸水，必须以更大的吸力来克服土壤对水的吸力，因此土壤水吸力可以直接反映土壤的供水能力以及土壤水分的运动，较之单纯用土壤含水量反映土壤水分状况更有实际意义。测定土壤水吸力是控制土壤水分状况、调节植物吸收水分和养分的一种重要手段。

【原理方法】

本实验采用张力计测定土壤水吸力。当充满水、密封的土壤张力计插入水分不饱和的土壤后，由于土壤具有吸力，便通过张力计的陶土管壁“吸”水，陶土管是不透气的，故此时仪器内部便产生一定的真空，使负压表指示出负压力。当仪器与土壤吸力达到平衡时，此负压力即为土壤水吸力。

【仪器设备】

土壤张力计由下列部件所组成：

（1）陶土管：是土壤张力计的感应部件，它有许多细小而均匀的孔隙。当陶土管完全被水浸润后，其孔隙间的水膜能让水或溶液通过而不让空气通过。

（2）负压表：是土壤张力计的指示部件，一般为汞柱负压表或弹簧管负压表。

（3）集气管：为收集仪器里的空气之用。

【基本步骤】

（1）仪器的准备：在使用土壤张力计之前，为使仪器达到最大灵敏度，必须把仪器内部的空气除尽，方法是：除去集气管的盖和橡皮塞，将仪器倾斜，注入经煮沸后冷却的无气水，注满后将仪器直立，让水将陶土管湿润。并见有水从表面滴出。在注水口塞入一个插有注射针的橡皮塞，进行抽气，此时可见真空表指针移至400mmHg 左右，并有气泡从真空表中逸出，逐渐聚集在集气管中。拨出塞子则真空表指针返回原位，继续将仪器注满无气水，同上抽气，重复 3～4 次，仪器系统中的空气便可除尽，盖好橡皮塞和集气管盖，仪器即可使用。

（2）安装：在需测量的田块上选择好有代表性的地方，以钻孔器开孔到待测深度，将张力计插入。为了使陶土管与土壤接触紧密，开孔后可撒入少量碎土于孔底，然后插入仪器，再填入少量碎土，将仪器上下移动，使陶土管与周围土壤紧接。最后再填入其余的土壤。

（3）观测：仪器安装好以后，一般需 2h 到一天方能与土壤吸力平衡，平衡后便可观测读数。读数时可轻轻敲击负压表，以消除读盘内的摩擦力，使指针达到应指示的吸力刻度。一般都在早晨读数，以避免土温变化的影响。

（4）检查：使用仪器过程中，应定期检查集气管中空气容量，如空气容量超过集气管容积 2/3 时，必须重新加水。可直接打开盖子和塞子，注入无气水，再加盖和塞密封。若这样加水会搅动陶土管与土壤接触，则需拔出重新开孔埋设。

埋在土中的陶土管至地面负压表之间有一段距离，在仪器充水时对陶土管产生一静水压力，负压表读数实际上包括这一静水压力在内，因此在读数中应减去一校正值（零位校正），即陶土管中部至负压表的距离。一般测量表层时，此校正值忽略不计。

【实验作业】

（1）制作小于 1bar（巴）的水分特征曲线。

（2）表 1.7 中 1mmHg = 1.33329mbar 是怎样换算出来的？（表 1.7 为毫米汞柱、毫巴与帕斯卡对照表）

表 1.7　**毫米汞柱、毫巴与帕斯卡对照表**

毫米汞柱 (mmHg)	毫巴 (mbar)	帕斯卡 (Pa)	毫米汞柱 (mmHg)	毫巴 (mbar)	帕斯卡 (Pa)
1	1.33329	1.33329×10^2	400	533	533×10^2
50	67	67×10^2	450	600	600×10^2
75	100	100×10^2	500	666	666×10^2
100	133	133×10^2	550	733	733×10^2
150	200	200×10^2	600	800	800×10^2
200	267	267×10^2	650	866	866×10^2
250	333	333×10^2	700	933	933×10^2
300	400	400×10^2	750	1000	1000×10^2
350	467	467×10^2			

实验六　土壤团聚体组成的测定

【目的意义】

土壤的结构状况是鉴定土壤肥力的指标之一，它对土壤中水分、空气、养分、温度状况以及土壤的耕作栽培都有一定的调节作用，具有一定的生产意义，土壤结构性状通常是由测定土壤团聚体来鉴别的。

【原理方法】

本实验介绍人工筛分法，此法分两部分：先对风干样品进行干筛，以确定干筛样品中各级团聚体的含量；然后在水中进行湿筛，确定水稳性团聚体的数量。

【仪器设备】

（1）沉降筒（1000mL），水桶（直径 33cm，高 43cm）。

（2）土壤筛一套（直径 20cm，高 5cm），并附装袋子的铁夹子。

（3）天平（0.01g）、铝盒、烘箱、电热板、干燥器等。

【基本步骤】

1. 干筛

将剥样风干后的土壤小样块，通过孔径顺次为 10、7、5、3、2、1、0.5、0.25（单位：mm）的筛组进行干筛，筛完后，将各级筛子上的样品分别称重（精确到 0.01g），计算各级干筛团聚体的百分含量和小于 0.25mm 的团聚体的百分含量，记载于分析结果表内。

2. 湿筛

（1）根据干筛法求得的各级团聚体的百分含量，把干筛分取的风干样品按比例配成 50g（不把小于 0.25mm 的团聚体倒入湿筛样品内，以防在湿筛时堵塞筛孔，但在计算中都需计算这一数值）。

（2）将上述按比例配好的 50g 样品倾入 1000mL 沉降筒中，沿筒壁徐徐加水，使水由下部逐渐湿润至表层，直至全部土样达到水分饱和状态，让样品在水中共浸泡 10min。这样，逐渐排除土壤中团聚体内部以及团聚体间的全部空气，以免封闭空气破坏团聚体。

（3）样品达到水分饱和状态后，沿沉降筒壁灌满水，并用橡皮塞塞住筒，数秒钟内把沉降筒颠倒过来，直至筒中样品完全沉下去，然后再把沉降筒倒转过来，至样品全部沉到筒底，这样重复倒转 10 次。

（4）将一套孔径为 5、3、2、1、0.5、0.25（单位：mm）的筛子，用白铁（或其他金属）薄板夹住，放入盛有水的木桶中，桶内的水层应该比上面筛子的边缘高出 8~10cm。

（5）将塞好的沉降筒倒置于水桶内的一套筛子上，拔去塞子，并将沉降筒在筛上（不接触筛底）的水中缓缓移动，使团粒均匀分散落在筛子上，当大于 0.25mm 的团聚体全部沉到筛子上后，即经过 50~60s 后塞上塞子，取出沉降筒。

（6）将筛组在水中慢慢提起（提起时勿使样品露出水面）然后迅速下降，距离为 3~4cm，静候 2~3min，直至上升的团聚体沉到筛底为止，如此上下重复 10 次，然后取出上面两个筛子，再将下面的筛子如前上下重复 5 次，以洗净其中各筛的水稳性团聚体，最后，从水中取出筛子。

（7）将筛组分开，留在各级筛子上的样品，用水洗入铝盒中，倾去上部清液，烘干称重（精确到 0.01g），即为各级水稳性团聚体重量，然后计算各级团聚体含量百分数。

【结果计算】

（1）各级团聚体含量（%）$=\dfrac{\text{各级团聚体的烘干重（g）}}{\text{烘干样品重（g）}}\times 100\%$。

（2）各级团聚体含量（%）的总和为总团聚体含量（%）。

（3）各级团聚体含量占总团聚体含量的比例（%）$=\dfrac{\text{各级团聚体含量（\%）}}{\text{总团聚体含量（\%）}}\times 100\%$。

（4）总团聚体占土样的比例（%）$=\dfrac{\text{总团聚体的烘干重（g）}}{\text{烘干样品重（g）}}\times 100\%$。

（5）必须进行 2~3 次平等试验，平行绝对误差应不超过 3%~4%。

注：土壤中大于 0.25mm 的颗粒（粗砂、石砾等）影响团聚体分析结果，应从各粒级重量中减去。

【注意事项】

田间采样要注意土壤不宜过干或过湿，最好在土不粘锹，经接触而不易变形时采取，采样要有代表性，采样深度看需要而定，一般耕作层分两层采取，要注意不使土块受挤压，以尽量保持原来的结构状态，最好采取一整块土壤，削去土块表面直接与土锹接触而已变形的部分，均匀地取内部未变形的土样（约 2kg），置于封闭的木盘或白铁盒内，带回室内。

在室内，将土块沿自然结构轻轻地剥成直径为 10～12mm 的小样块，弃去粗根和小石块，剥样时应避免土壤受机械压力而变形，然后将样品放置风干 2～3 天，至样品变干为止。

实验七　土壤有机质的测定

一、重铬酸钾容量法

【目的意义】

土壤有机质既是植物矿质营养和有机营养的源泉，又是土壤中异养型微生物的能源物质，同时也是形成土壤结构的重要因素。测定土壤有机质含量的多少，在一定程度上可说明土壤的肥沃程度，因为土壤有机质直接影响着土壤的理化性状。

【原理方法】

在加热的条件下，用过量的重铬酸钾-硫酸（$K_2Cr_2O_7-H_2SO_4$）溶液来氧化土壤有机质中的碳，$Cr_2O_7^{2-}$等被还原成Cr^{3+}，剩余的重铬酸钾（$K_2Cr_2O_7$）用硫酸亚铁（$FeSO_4$）标准溶液滴定，根据消耗的重铬酸钾量计算出有机碳量，再乘以常数1.724，即为土壤有机质量。其反应式为：

重铬酸钾-硫酸溶液与有机质作用：

$$2K_2Cr_2O_7+3C+8H_2SO_4=2K_2SO_4+2Cr_2(SO_4)_3+3CO_2\uparrow+8H_2O$$

硫酸亚铁滴定剩余重铬酸钾的反应：

$$K_2Cr_2O_7+6FeSO_4+7H_2SO_4=K_2SO_4+Cr_2(SO_4)_3+3Fe_2(SO_4)_3+7H_2O$$

【仪器试剂】

1. 主要仪器设备

分析天平（0.0001g）、硬质试管、长条蜡光纸、油浴锅、铁丝笼（消煮时插试管用）、温度计（0～360℃）、滴定管（25mL）、吸管（10mL）、三角瓶（250mL）、小漏斗、量筒（100mL）、角匙、滴定台、吸水纸、滴瓶（50mL）、试管夹、洗耳球、试剂瓶（500mL）。

2. 主要试剂

（1）0.136mol/L $K_2Cr_2O_7-H_2SO_4$的标准溶液。准确称取分析纯重铬酸钾（$K_2Cr_2O_7$）40g溶于500mL蒸馏水中，冷却后稀释至1L，然后缓慢加入比重为1.84的浓硫酸（H_2SO_4）1000mL，并不断搅拌，每加入200mL时，应放置10～20min使溶液冷却后，再加入第二份浓硫酸。加酸完毕，待冷却后存于试剂瓶中备用。

（2）0.2mol·L^{-1} $FeSO_4$标准溶液。准确称取分析纯硫酸亚铁（$FeSO_4 \cdot 7H_2O$）56g或硫酸亚铁铵［$Fe(NH_4)_2(SO_4)_2 \cdot 6H_2O$］80g，溶解于蒸馏水中，加3mol·$L^{-1}$的硫酸60mL，然后加水稀释至1L，此溶液的标准浓度可以用0.0167mol/L重铬酸钾标准溶液标定。

（3）邻啡罗啉指示剂。称取分析纯邻啡罗啉1.485g，化学纯硫酸亚铁（$FeSO_4 \cdot 7H_2O$）0.695g，溶于100mL蒸馏水中，贮于棕色滴瓶中（此指示剂以临用时配制为好）。

【基本步骤】

（1）在分析天平上准确称取通过60目筛（<0.25mm）的土壤样品0.1～0.5g（精确到0.0001g），用长条蜡光纸把称取的样品全部倒入干的硬质试管中，用移液管缓缓准确加入0.136mol·L^{-1}重铬酸钾-硫酸（$K_2Cr_2O_7$-H_2SO_4）溶液10mL（在加入约3mL时，摇动试管，以使土壤分散），然后在试管口加一个小漏斗。

（2）预先将液状石蜡油或植物油浴锅加热至185～190℃，将试管放入铁丝笼中，然后将铁丝笼放入油浴锅中加热，加热温度应控制在170～180℃，待试管中液体沸腾产生气泡时开始计时，煮沸5min，取出试管，稍冷，擦净试管外部油液。

（3）冷却后，将试管内容物小心仔细地全部洗入250mL的三角瓶中，使瓶内总体积在60～70mL，保持其中硫酸浓度为1～1.5mol·L^{-1}，此时溶液的颜色应为橙黄色或淡黄色。然后加邻啡罗啉指示剂3～4滴，用0.2mol·L^{-1}的标准硫酸亚铁溶液滴定，溶液由黄色经过绿色、淡绿色突变为砖红色，即为终点。

（4）在测定样品的同时必须做两个空白试验，取其平均值。可用石英砂代替样品，其他过程同上。

【结果计算】

在本反应中，有机质的氧化率平均为90%，所以氧化校正常数为100/90，即为1.1。有机质中碳的含量为58%，故58g碳约等于100g有机质，1g碳约等于1.724g有机质。由前面的两个反应式可知：1mol的$K_2Cr_2O_7$可氧化3/2mol的碳，滴定1mol $K_2Cr_2O_7$，可消耗6mol $FeSO_4$，则消耗1mol $FeSO_4$即氧化了

$$\frac{3}{2} \times \frac{1}{6} C = \frac{1}{4} C = \frac{1}{4} \times 12 = 3 \text{（碳的毫克当量数）}$$

计算如下：

$$\text{有机质}(g \cdot kg^{-1}) = \frac{N(V_0 - V) \times 10^{-3} \times 3.0 \times 1.724 \times 1.1}{\text{样品重}} \times 1000$$

式中：V_0——滴定空白液时所用去的硫酸亚铁毫升数；

V——滴定样品液时所用去的硫酸亚铁毫升数；

N——标准硫酸亚铁的浓度。

表 1.8 所示为我国第二次土壤普查有机质含量分级表。

表 1.8　**我国第二次土壤普查有机质含量分级表（供参考）**

级别	一级	二级	三级	四级	五级	六级
有机质（%）	>40	30~40	20~30	10~20	6~10	<6

【注意事项】

（1）根据样品有机质含量决定称样量。有机质含量在大于 $50g \cdot kg^{-1}$ 的土样中称 0.1g，在 $20 \sim 40g \cdot kg^{-1}$ 的土样中称 0.3g，在少于 $20g \cdot kg^{-1}$ 的土样中可称 0.5g 以上。

（2）消化煮沸时，必须严格控制时间和温度。

（3）最好用液体石蜡或磷酸浴代替植物油，以保证结果准确。磷酸浴需用玻璃容器。

（4）对含有氯化物的样品，可加少量硫酸银除去其影响。对于石灰性土样，须慢慢加入浓硫酸，以防由于碳酸钙的分解而引起剧烈发泡。对水稻土和长期渍水的土壤，必须预先磨细，在通风干燥处摊成薄层，风干 10 天左右。

（5）一般滴定时消耗硫酸亚铁量不小于空白用量的 1/3，否则，氧化不完全，应弃去重做。消煮后溶液以绿色为主，说明重铬酸钾用量不足，应减少样品量重做。

二、稀释热法

【目的意义】

同重铬酸钾容量法。

【原理方法】

基本原理、主要步骤与重铬酸钾容量法（外加热法）相同。稀释热法（水合热法）是利用浓硫酸和重铬酸钾迅速混合时所产生的热来氧化有机质，以代替外加热法中的油浴加热，操作更加方便。由于产生的热温度较低，对有机质氧化程度较低，只有 77%。因此将得到的有机碳乘以校正系数，以计算有机碳量。

【仪器试剂】

1. 主要仪器

分析天平（0.0001g）、三角瓶（500mL）、酸式滴定管（25mL）、胶头滴管、铁架台、洗耳球、试剂瓶（500mL）、移液管（5mL、10mL）、量筒（25mL）、石棉板、洗瓶。

2. 主要试剂

（1）$1mol \cdot L^{-1}$（$1/6K_2Cr_2O_7$）溶液：准确称取 $K_2Cr_2O_7$（分析纯，105℃烘干）49.04g，溶于水中，稀释至1L。

（2）$0.4mol \cdot L^{-1}$（$1/6K_2Cr_2O_7$）基准溶液：准确称取 $K_2Cr_2O_7$（分析纯）（在130℃烘3h）19.6132g于250mL烧杯中，以少量水溶解，将其全部洗入1000mL容量瓶中，加入浓 H_2SO_4 约70mL，冷却后用水定容至刻度，充分摇匀备用（其中含硫酸浓度约为 $2.5mol \cdot L^{-1}$（$1/2\ H_2SO_4$））。

（3）$0.5mol \cdot L^{-1} FeSO_4$ 溶液：称取 $FeSO_4 \cdot 7H_2O$（分析纯）140g溶于水中，加入浓 H_2SO_4 15mL，冷却稀释至1L或称取 $Fe(NH_4)_2(SO_4)_2 \cdot 6H_2O$ 196.1g溶解于含有200mL浓 H_2SO_4 的800mL水中，稀释至1L。此溶液的准确浓度以 $0.4mol \cdot L^{-1}$（$1/6K_2Cr_2O_7$）的基准溶液标定之。即分别准确吸取3份 $0.4mol \cdot L^{-1}$（$1/6K_2Cr_2O_7$）的基准溶液各25mL于150mL三角瓶中，加入邻啡罗啉指示剂2~3滴（或加2羧基代二苯胺12~15滴），然后用 $0.5mol \cdot L^{-1} FeSO_4$ 溶液滴定至终点，并计算出基准 $FeSO_4$ 浓度。硫酸亚铁（$FeSO_4$）溶液在空气中易被氧化，需新鲜配制或以标准的 $K_2Cr_2O_7$ 溶液每天标定之。

（4）指示剂

①邻啡罗啉指示剂：称取1.485g邻啡罗啉（分析纯）与 $FeSO_4 \cdot 7H_2O$ 0.695g溶于100mL水中。

②2-羧基代二苯胺（又名邻苯氨基苯甲酸，$C_{13}H_{11}O_2N$）指示剂：称取0.25g试剂于小研钵中研细，然后倒入100mL小烧杯中，加入 $0.18mol \cdot L^{-1}$ NaOH溶液12mL，并用少量水将研钵中残留的试剂冲洗入100mL小烧杯中，将烧杯放在水浴上加热使其溶解，冷却后稀释定容到250mL，放置澄清或过滤，用其上清液。

③Ag_2SO_4。硫酸银（Ag_2SO_4，分析纯），研成粉末。

④SiO_2。二氧化硅（SiO_2，分析纯），粉末状。

【基本步骤】

准确称取0.5000g土壤样品①于500mL的三角瓶中，然后准确加入 $1mol \cdot L^{-1}$

---

① 泥炭称0.05g，土壤有机质含量低于 $10g \cdot kg^{-1}$ 者称2.0g。

($1/6K_2Cr_2O_7$) 溶液 10mL 于土壤样品中，转动瓶子使之混合均匀，然后加浓 H_2SO_4 20mL，将三角瓶缓缓转动 1min，促使混合以保证试剂与土壤充分作用，并在石棉板上放置约 30min，加水稀释至 250mL，加 2-羧基代二苯胺 12~15 滴，然后用 0.5mol·$L^{-1}$$FeSO_4$标准溶液滴定之，其终点为灰绿色。或加 3~4 滴邻啡罗啉指示剂，用 0.5mol·$L^{-1}$$FeSO_4$标准溶液滴定至近终点时溶液颜色由绿色变成暗绿色，逐渐加入 $FeSO_4$直至生成砖红色为止。用同样的方法做空白测定（即不加土样），即称取 0.5000g 粉末二氧化硅代替土样，其他手续与试样测定相同。记取 $FeSO_4$滴定毫升数（V_0），取其平均值。如果 $K_2Cr_2O_7$被还原的量超过 75%，则须用更少的土壤重做。

【结果计算】

$$\text{土壤有机碳}(g \cdot kg^{-1}) = 1000 \times \frac{C(V_0 - V) \times 10^{-3} \times 3.0 \times 1.33}{M}$$

$$\text{土壤有机质}(g \cdot kg^{-1}) = \text{土壤有机碳}(g \cdot kg^{-1}) \times 1.724$$

式中：1.33——氧化校正系数；

C——0.5mol·$L^{-1}$$FeSO_4$标准溶液的浓度；

V_0——空白滴定用去 $FeSO_4$体积（mL）；

V——样品滴定用去 $FeSO_4$体积（mL）；

M——风干试样的质量；

3.0——1/4 碳原子的摩尔质量（g·mol^{-1}）；

10^{-3}——将 mL 换算成 L；

1000——换算成每千克含量。

实验八　土壤酸碱度的测定

一、混合指示剂比色法

【目的意义】

pH 值的化学定义是溶液中 H^+ 活度的负对数。土壤 pH 值是土壤酸碱度的强度指标，是土壤的基本性质和肥力的重要影响因素之一。它直接影响土壤养分的存在状态、转化和有效性，从而影响植物的生长发育。土壤 pH 值易于测定，常用作土壤分类、利用、管理和改良的重要参考。同时在土壤理化分析中，土壤 pH 值与很多项目的分析方法和分析结果有密切关系，因而是审查其他项目结果的一个依据。

土壤 pH 值分水浸 pH 值和盐浸 pH 值，前者是用蒸馏水浸提土壤测定的 pH 值，代表土壤的活性酸度（碱度），后者是用某种盐溶液浸提测定的 pH 值，大体上反映土壤的潜在酸。盐浸提液常用 $1mol \cdot L^{-1} KCl$ 溶液或用 $0.5mol \cdot L^{-1} CaCl_2$ 溶液，在浸提土壤时，其中的 K^+ 或 Ca^{2+} 即与胶体表面吸附的 Al^{3+} 和 H^+ 发生交换，使其相当部分被交换进入溶液，故盐浸 pH 值较水浸 pH 值低。

土壤 pH 值的测定方法包括比色法和电位法。电位法的精确度较高，pH 值误差约为 0.02，现已成为室内测定的常规方法。野外速测常用混合指示剂比色法，其精确度较差，pH 值误差在 0.5 左右。

【原理方法】

指示剂在不同 pH 值的溶液中显示不同的颜色，故根据其颜色变化即可确定溶液的 pH 值。混合指示剂是几种指示剂的混合液，能在一个较广的 pH 值范围内，显示出与一系列不同 pH 值相对应的颜色，据此测定该范围内的各种土壤 pH 值。

【仪器设备】

比色卡。

【基本步骤】

取麝草兰（T. B）0. 025g，千里香兰（B. T. B）0. 4g，甲基红（M. R）0. 066g，酚酞 0. 25g，溶于 500mL 95%的乙醇中，加同体积蒸馏水，再以 0. 1mol · L^{-1}NaOH 调至草绿色即可。pH 值比色卡用此混合指示剂制作。

二、电位测定法

【目的意义】

同上。

【原理方法】

以电位法测定土壤悬液 pH 值，通用 pH 值玻璃电极为指示电极，甘汞电极为参比电极。此二电极插入待测液时构成一个电池，其间产生电位差，因参比电极的电位是固定的，故此电位差之大小取决于待测液的 H^+ 活度或其负对数 pH 值。因此可用电位计测定电动势，再换算成 pH 值，一般用酸度计可直接测读 pH 值。

【仪器试剂】

烧杯、酸度计、蒸馏水。

1mol · L^{-1}KCl 溶液：称取 74. 6gKCl 溶于 400mL 蒸馏水中，用 10%KOH 或 KCl 溶液调节 pH 值至 5. 5~6. 0，而后稀释至 1L。

【基本步骤】

分别称取两份通过 1mm 筛孔的风干土 10g，各放在 50mL 的烧杯中，一份加无 CO_2蒸馏水，另一份加 1mol · L^{-1}KCl 溶液各 25mL（此时土水比为 1 : 2. 5，含有机质的土壤改为 1 : 5），间歇搅拌或摇动 30min，放置 30min 后用酸度计测定。

附：PHS-3C 型酸度计使用说明

1. 准备工作

将仪器电源线插入 220V 交流电源，玻璃电极和甘汞电极安装在电极架上的电极夹中，将甘汞电极的引线连接在后面的参比接线柱上。安装电极时玻璃电极球泡必须比甘汞电极陶瓷芯端稍高一些，以防止球泡碰坏。甘汞电极在使用时应把上部的小橡皮塞及下端的橡皮套除去，在不用时仍用橡皮套将下端套住。

在玻璃电极插头没有插入仪器的状态下，接通仪器后面的电源开关，让仪器通电预热30分钟。将仪器面板上的按键开关置于mV位置，调节后面板的“零点”电位器使读数为±0。

2. 测量电极电位

（1）按准备工作所述对仪器调零。

（2）接入电极。插入玻璃电极插头时，同时将电极插座外套向前按，插入后放开外套。插头拉不出表示已插好。拔出插头时，只要将插座外套向前按动，插头即能自行跳出。

（3）用蒸馏水清洗电极并用滤纸吸干。

（4）电极浸在被测溶液中，仪器的稳定读数即为电极电位（mV值）。

3. 仪器标定

在测量溶液pH值之前必须先对仪器进行标定。一般在正常连续使用时，每天标定一次已能达到要求。但当被测定溶液有可能损害电极球泡的水化层或对测定结果有疑问时应重新进行标定。

标定分“一点”标定和“二点”标定两种。标定进行前应先对仪器调零。标定完成后，仪器的“斜率”及“定位”调节器不应再有变动。

1）一点标定方法

（1）插入电极插头，按下选择开关按键使之处于pH位，“斜率”旋钮放在100%处或已知电极斜率的相应位置。

（2）选择一与待测溶液pH值比较接近的标准缓冲溶液。将电极用蒸馏水清洗并吸干后浸入标准溶液中，调节温度补偿器使其指示与标准溶液的温度相符。摇动烧杯使溶液均匀。

（3）调节“定位”调节器使仪器读数为标准溶液在当时温度时的pH值。

2）二点标定方法

（1）插入电极插头，按下选择开关按键使之处于pH位，“斜率”旋钮放在100%处。

（2）选择两种标准溶液，测量溶液温度并查出这两种溶液与温度对应的标准pH值（假定为pHS_1和pHS_2）。将温度补偿器放在溶液温度相应位置。将电极用蒸馏水清洗并吸干后浸入第一种标准溶液中，稳定后的仪器读数为pH_1值。

（3）再将电极用蒸馏水清洗并吸干后浸入第二种标准溶液中，仪器读数为pH_2值。计算$S=[(pH_1-pH_2)/(pHS_1-pHS_2)]\times100\%$，然后将“斜率”旋钮调到计算出来的$S$值相对应位置，再调节定位旋钮使仪器读数为第二种标准溶液的pHS_2值。

（4）再将电极浸入第一种标准溶液，如果仪器显示值与pHS_1值相符则标定完成。如果不符，则分别将电极依次再浸入这两种溶液中，在比较接近 pH 值为 7 的溶液中时“定位”，在另一溶液中时调“斜率”，直至两种溶液都能相符为止。

【测量 pH 值】

（1）已经标定过的仪器即可用来测量被测溶液的 pH 值，测量时“定位”及“斜率”调节器应保持不变，“温度补偿”旋钮应指示在溶液温度位置。

（2）将清洗过的电极浸入被测溶液，摇动烧杯使溶液均匀，稳定后的仪器读数即为该溶液的 pH 值。

【注意事项】

（1）土水比的影响：一般土壤悬液愈稀，测得的 pH 值愈高，尤以碱性土的稀释效应较大。为了便于比较，测定 pH 值的土水比应当固定。经试验，采用 1∶1 的土水比，碱性土和酸性土均能得到较好的结果，酸性土采用 1∶5 和 1∶1 的土水比所测得的结果基本相似，故建议碱性土采用 1∶1 或 1∶2.5 的土水比进行测定。

（2）蒸馏水中 CO_2 会使测得的土壤 pH 值偏低，故应尽量除去，以避免其干扰。

（3）待测土样不宜磨得过细，宜用通过 1mm 筛孔的土样测定。

（4）玻璃电极不测油液，在使用前应在 0.1mol·L^{-1} NaCl 溶液或蒸馏水中浸泡 24h 以上。

（5）甘汞电极一般为 KCl 饱和溶液灌注，如果发现电极内已无 KCl 结晶，应从侧面投入一些 KCl 结晶体，以保持溶液的饱和状态。不使用时，电极可放在 KCl 饱和溶液或纸盒中保存。

实验九　土壤中水解性氮的测定

【目的意义】

土壤中能被植物直接吸收，或在短期内能转化为植物吸收的养分，叫速效养分。养分总量中速效养分虽然只占很少一部分，但它是反映土壤养分供应能力的重要指标。因此，测定土壤中的速效养分，可作为科学种田、经济合理施肥的参考。

【原理方法】

土壤水解性氮或称碱解氮包括无机态氮（铵态氮、硝态氮）及易水解的有机态氮（氨基酸、酰胺和易水解蛋白质）。用碱液处理土壤时，易水解的有机氮及铵态氮转化为氨，硝态氮则先经硫酸亚铁转化为铵。以硼酸吸收氨，再用标准酸滴定，计算水解性氮含量。

【仪器试剂】

1. 仪器

扩散皿、半微量滴定管（5mL）和恒温箱。

2. 试剂

（1）1.07mol·L^{-1}NaOH：称取42.8gNaOH溶于水中，冷却后稀释至1L。

（2）2%H_3BO_3指示剂溶液：称取$H_3BO_3$20g加水900mL，稍加热溶解，冷却后，加入混合指示剂20mL（0.099g溴甲酚绿和0.066g甲基红溶于100mL乙醇中）。然后以0.1mol·L^{-1}NaOH调节溶液至红紫色（pH值约为5），最后加水稀释至1000mL，混合均匀贮于瓶中。

（3）0.005mol·$L^{-1}$$H_2SO_4$标准液：取浓$H_2SO_4$ 1.42mL，加蒸馏水5000mL，然后用标准碱或硼砂（$Na_2B_4O_7\cdot10H_2O$）标定。

（4）碱性甘油：加40g阿拉伯胶和50mL水于烧杯中，温热至70~80℃搅拌促溶，冷却约1h，加入20mL甘油和30mL饱和K_2CO_3水溶液，搅匀冷却，离心除去泡沫及不溶物，将清液贮于玻璃瓶中备用。

（5）硫酸亚铁粉：将$FeSO_4\cdot7H_2O$（三级）磨细，装入玻璃瓶中，存于阴凉处。

【基本步骤】

称取通过 1mm 土壤筛的风干土样约 2g（精确到 0.01g）和硫酸亚铁粉剂 0.2g 均匀铺在扩散皿外室，水平地轻轻旋转扩散皿，使土样铺平。在扩散皿的内室中，加入 2mL 2%含指示剂的硼酸溶液，然后在皿的外室边缘涂上碱性甘油，盖上毛玻璃，并旋转之，使毛玻璃与扩散皿边缘完全黏合，再慢慢转开毛玻璃的一边，使扩散皿露出一条狭缝，迅速加入 10mL 1.07mol · L^{-1} NaOH 溶液于扩散皿的外室中，立即将毛玻璃旋转盖严，在实验台上水平地轻轻旋转扩散皿，使溶液与土壤充分混匀，并用橡皮筋固定；随后小心放入 40℃ 的恒温箱中。24h 后取出，用微量滴定管以 0.005mol · L^{-1}的 H_2SO_4标准液滴定扩散皿内室硼酸溶液吸收的氨量，滴定到终点时为紫红色。

【结果计算】

$$土壤中水解氮（mg \cdot kg^{-1}）= \frac{C \times V \times 14}{W} \times 10^3$$

式中：C——H_2SO_4标准液的浓度；

V——样品测定时用去 H_2SO_4标准液的体积；

14——氮的摩尔质量；

W——烘干土重，g。

【注意事项】

在测定过程中碱的种类和浓度、土液比例、水解的温度和时间等因素对测量值都有一定的影响。为了得到可靠的、能相互比较的结果，必须严格按照所规定的条件进行测定。

【思考题】

土壤水解性氮包括了哪些形态的氮？用扩散吸收法测定时应注意哪些问题？

【参考指标】

土壤水解性氮参考指标如表 1.9 所示。

表 1.9　**参考指标（供参考）**　单位：mg · kg^{-1}

土壤水解性氮含量	等级	土壤水解性氮含量	等级
<25	极低	50~100	中等
25~50	低	100~150	高

实验十　土壤中速效磷的测定

一、碳酸氢钠法

【目的意义】

了解土壤中速效磷的供应状况，对于施肥有直接的指导意义。土壤中速效磷的测定方法很多，由于提取剂的不同所得结果也不一样。一般情况下，石灰性土壤和中性土壤采用碳酸氢钠提取，酸性土壤采用酸性氟化铵提取。

【原理方法】

中性、石灰性土壤中的速效磷，多以磷酸一钙和磷酸二钙状态存在，用 0.5mol·L^{-1}碳酸氢钠液可将其提取到溶液中，然后将待测液用钼锑抗混合显色剂在常温下进行还原，使黄色的磷钼杂多酸还原成为磷钼进行比色。

【仪器试剂】

1. 仪器

往复式振荡机、分光光度计或光电比色计。

2. 试剂

1）0.5mol·L^{-1} $NaHCO_3$浸提剂（pH=8.5）

称取 42.0g$NaHCO_3$溶于 800mL 水中，稀释至 900mL，用 4mol·L^{-1} NaOH 溶液调节 pH 值至 8.5，然后定容至 1L，保存于瓶中，如超过一个月，使用前应重新校正 pH 值。

2）无磷活性炭粉

将活性炭粉用 1∶1 盐酸浸泡过夜，然后用平板漏斗抽气过滤，用水洗净，直至无盐酸为止，再加 0.5mol·L^{-1} $NaHCO_3$溶液浸泡过夜，在平板漏斗上抽气过滤，用水洗净 $NaHCO_3$，最后检查至无磷为止，烘干备用。

3）钼锑抗试剂

称取酒石酸锑钾（$KSbOC_4H_4O_6$）0.5g，溶于 100mL 水中，制成 5%的溶液。另称取钼酸铵 20g 溶于 450mL 水中，缓慢加入 208.3mL 浓硫酸，边加边搅动，再将0.5%的酒石酸锑钾溶液100mL加入钼酸铵液中，最后加至1L，充分摇匀，贮于棕色瓶中，此为钼锑混合液。临用前（当天）称取1.5g左旋抗坏血酸溶液于100mL钼锑混合液中，混匀，即得钼锑抗显色剂（有效期为24h）。

4）磷标准溶液

称取0.439g KH_2PO_4（105℃烘2h）溶于200mL水中，加入5mL浓H_2SO_4，转入1L容量瓶中，用水定容，此为100mg·kg^{-1}磷标准液，可保存较长时间。取此溶液稀释20倍即为5mg·kg^{-1}磷标准液，此液不宜久存。

【基本步骤】

称取通过1mm孔筛的风干土2.50g（精确到0.01g）于250mL三角瓶中，加50mL0.5mol·L^{-1} $NaHCO_3$溶液，再加一角匙无磷活性炭，塞紧瓶塞，在20~25℃下振荡30min，取出振荡后的三角瓶，用干燥漏斗和无磷滤纸过滤于另一只三角瓶中，同时做试剂的空白试验。吸取滤液10mL于50mL容量瓶中，用钼锑抗试剂5mL显色，并用蒸馏水定容，摇匀，在室温高于15℃的条件下放置30min，用红色滤光片或660nm波长的光进行比色，以空白溶液的透光率为100（即光密度为0），读出测定液的光密度，在标准曲线上查出显色液的磷浓度（mg·kg^{-1}）。

标准曲线制备：吸取含磷（P）5mg·kg^{-1}的标准溶液0、1、2、3、4、5、6mL，分别加入50mL容量瓶中，加0.5mol·L^{-1} $NaHCO_3$溶液10mL，加水至约30mL，再加入钼锑抗显色剂5mL，摇匀，定容即得0、0.1、0.2、0.3、0.4、0.5、0.6mg·kg^{-1}磷标准系列溶液，与待测溶液同时比色，读取吸收值，在方格坐标纸上以吸收值为纵坐标，以磷mg·kg^{-1}数为横坐标，绘制成标准曲线。

【结果计算】

$$\text{土壤中速效磷}（mg\cdot kg^{-1}）=\frac{\text{显色液磷浓度}\times\text{显色液体积}\times\text{分取倍数}}{\text{烘干土重}}$$

式中：显色液磷浓度：从工作曲线查得显色液的磷数，mg·kg^{-1}；

显色液体积：50mL；

烘干土重：g；

分取倍数：$\text{分取倍数}=\frac{\text{浸提液总体积（50mL）}}{\text{吸取浸出液毫升数（mL）}}$。

二、0.03mol·L^{-1} NH_4F-0.025mol·L^{-1} HCl浸提——钼锑抗比色法

【目的意义】

同碳酸氢钠法。

【原理方法】

酸性土壤中的磷主要是以 Fe-P，Al-P 的形态存在，利用氟离子在酸性溶液中络合 Fe^{3+}和 Al^{3+}的能力，可使这类土壤中比较活性的磷酸铁铝盐被陆续活化释放，同时由于 H^{+}的作用，也能溶解出部分活性较大的 Ca-P，然后用钼锑抗比色法进行测定。

【仪器试剂】

（1）仪器：塑料杯，其余与碳酸氢钠法相同。

（2）试剂：0.03mol · L^{-1} NH_4F-0.025mol · L^{-1} HCl 浸提剂，称取 1.11g NH_4F 溶于 800mL 水中，加 1.0mol · L^{-1} HCl 25mL，然后稀释至 1L，贮于塑料瓶中，其他试剂的制备同碳酸氢钠法。

【基本步骤】

称取通过 1mm 孔筛的风干土样品约 5g（精确到 0.01g）于 150mL 塑料杯中，加入 0.03mol · L^{-1} NH_4F-0.025mol · L^{-1} HCl 浸提剂 50mL，在 20～30℃ 条件下振荡 30min，取出后立即用干燥漏斗和无磷滤纸过滤于塑料杯中，同时做试剂空白试验。

吸取滤液 10～20mL 于 50mL 容量瓶中，加入 10mL 0.8mol · L^{-1} H_3BO_3，再加入二硝基酚指示剂 2 滴，用稀 HCl 和 NaOH 溶液调节 pH 值至待测液呈微黄，用钼锑抗比色法测定磷，后续步骤与碳酸氢钠法相同。

【结果计算】

与碳酸氢钠法相同。

【参考指标】

1. 0.5mol · L^{-1} $NaHCO_3$法

表 1.10　**土壤速效磷的参考标准**　单位：mg · kg^{-1}

土壤速效磷含量	等级
<5	低
5～10	中
>10	高

2. 0. 03mol · L^{-1} NH_4F−0. 025mol · L^{-1} HCl

表 1. 11　　土壤速效磷的参考标准　　单位：mg · kg^{-1}

土壤速效磷含量	等级
<3	很低
3～7	低
7～20	中等
>20	高

【思考题】

（1）土壤速效磷的测定中，选择浸提剂的主要根据是什么？

（2）测定土壤速效磷时，哪些因素影响分析结果？

实验十一　土壤中速效钾的测定

【目的意义】

钾是植物的重要营养元素之一，它虽不参加植物的组成，但却对植物代谢的调节起着重要作用，钾在土壤中以各种矿物及盐类的状态存在，大部分不能被植物吸收利用，只有速效性钾（包括水溶性钾和交换性钾）才能被植物吸收利用。因此，测定土壤中速效性钾的含量对于判断土壤中钾素供应状况具有重要的意义。

【原理方法】

以 NH_4OAc 作为浸提剂与土壤胶体上的阳离子起交换作用，而 NH_4OAc 浸出液常用火焰光度计直接测定钾的含量。为了抵消 NH_4OAc 的干扰影响，标准钾溶液也需要用 $1mol \cdot L^{-1}$的 NH_4OAc 配制。

【仪器试剂】

1. 主要仪器

火焰光度计、往返式振荡机。

2. 主要试剂

（1）$1mol \cdot L^{-1}$的中性 NH_4OAc 溶液：准确称取 77.08g 乙酸铵溶于近 1L 水中，用稀盐酸（CH_3COOH）或氨水（1+1）（$NH_3 \cdot H_2O$）调节 pH 值为 7.0，用水稀释至 1L。该溶液不易久放。

（2）$100\mu g \cdot mL^{-1}$钾标准溶液：准确称取经 110℃烘 2h 的氯化钾 0.1907g 溶于（1）中乙酸铵溶液，并用该溶液定容至 1L。

（3）钾标准系列溶液：吸取 $100\mu g \cdot mL^{-1}$钾标准溶液 0、2.5、5、10、20、40、60mL 于 100mL 容量瓶中，用 $1mol \cdot L^{-1}$ NH_4OAc 溶液定容，即得 0、2.5、5、10、20、40、$60\mu g \cdot mL^{-1}$的钾标准系列溶液。

【基本步骤】

准确称取过 0.84mm（20 目）孔筛的风干土样 2.50g 于 75mL 塑料瓶中，加入 $1mol \cdot L^{-1}$的中性 NH_4OAc 溶液 25mL，加盖，振荡 30min，用干的普通定性滤纸过滤，滤液盛于 45mL 小塑料瓶中，同钾标准溶液一起在火焰光度计上测定。

【结果计算】

$$\text{土壤速效钾（K）含量}（mg \cdot kg^{-1}）=\frac{\rho \times V \times ts}{m}$$

式中：ρ——标准曲线上查得测定液的质量浓度，$\mu g \cdot mL^{-1}$；

V——测定液定容体积，mL；

ts——分取倍数；

m——样品土质量，g。

实验十二 土壤中全磷的测定

一、$HClO_4$-H_2SO_4法（只适合全磷的测定）

【目的意义】

了解土壤中全磷的供应状况，对于施肥有直接的指导意义。

【原理方法】

用高氯酸分解样品，因为它既是一种强酸，又是一种强氧化剂，能氧化有机质，分解矿物质，而且高氯酸的脱水作用很强，有助于胶状硅的脱水，并能与Fe^{3+}络合，在灰的比色测定中抑制了硅和铁的干扰。硫酸的存在提高了消化液的温度，同时防止消化过程中溶液蒸干，以利消化作用的顺利进行。

【仪器试剂】

1. 主要仪器

分光光度计、红外消化炉。

2. 主要试剂

（1）浓硫酸（ρ=1. 84g · mL^{-1}）。

（2）高氯酸（$HClO_4$），w≈70%~72%，分析纯。

（3）2，4-二硝基酚或2，6-二硝基酚指示剂溶液：溶解二硝基酚0. 25g于100mL水中。此指示剂的变色点为pH=3，酸性时无色，碱性时黄色。

（4）4mol · L^{-1}NaOH溶液：溶解NaOH 16. 00g于100mL水中。

（5）2mol · $L^{-1}\left(\frac{1}{2}H_2SO_4\right)$溶液：吸取浓硫酸6mL，缓缓加入80mL水中，边加边搅动，冷却后加水至100mL。

（6）硫酸钼锑贮备液：量取126mL浓硫酸，缓缓加入400mL水中，不断搅拌、冷却。另称取钼酸铵（GB 657）10g溶解于温度约60℃的300mL水中，冷却，然后将硫酸溶液缓缓倒入钼酸铵溶液中，再加入5g · L^{-1}酒石酸锑钾溶液100mL，冷却后，定容至1000mL，摇匀，贮存于棕色瓶中。此贮备液含10g · L^{-1}钼酸铵，2. 25mol · L^{-1}硫酸。

（7）钼锑抗显色剂：称取 1.5g 抗坏血酸（左旋，旋光度+21°~22°）溶液于 100mL 钼锑贮备液中。此溶液用时现配。

（8）磷标准贮备液：准确称取经 105℃烘干 2h 的磷酸二氢钾（GB 1274，优级纯）0.4390g，用水溶解后，加入 5mL 浓硫酸，然后加水定容至 1000mL，该溶液含磷 $100mg \cdot L^{-1}$，放入冰箱可长期使用。

（9）$5mg \cdot L^{-1}$磷（P）标准溶液：准确吸取 5mL 磷贮备液，定容至 100mL 容量瓶中，摇匀。此溶液用时现配。

【基本步骤】

1. 前处理

准确称取过 100 目土壤筛的风干土样 0.50g，同时测定土样水分含量。将土样置于 50mL 消化管中，加入 2 滴水后，加入浓硫酸 8mL，再加入高氯酸 10 滴，摇匀，置于 500W 远红外炉下加热消煮（至溶液开始转白后继续消煮）20min。全部消煮时间为 40~60min。冷却后定容至 50mL，用定量滤纸过滤于 50mL 塑料瓶中。同时做空白与参比样测定（空白为不加土样，参比样为实验室自制样品，其他操作与测定土样相同，每 20~30 个土样加入一个空白与参比样）。

2. 测定

方法 1：钼锑抗比色法。

吸取滤液 5mL 于 50mL 容量瓶中，加水至 30mL 左右，加入二硝基酚指示剂 2 滴，滴加 $4mol \cdot L^{-1}$NaOH 溶液调至变为黄色，再用 $2mol \cdot L^{-1}\left(\frac{1}{2}H_2SO_4\right)$溶液调至黄色刚刚褪去，然后加入钼锑抗显色剂 5mL，加水定容至 50mL，摇匀。室温 20~25℃静置 30min 后用分光光度计于 700nm 波长处比色测定。

标准曲线：准确吸取 $5\mu g \cdot mL^{-1}$ P 标准溶液 0、1、2、4、6、8、10mL 于 50mL 容量瓶中，加水至 30mL 左右，再加空白试验定容后的消煮液 5mL，调节 pH 值为 3（加入二硝基酚指示剂 2 滴，滴加 $4mol \cdot L^{-1}$NaOH 溶液调至变为黄色，再用 $2mol \cdot L^{-1}\left(\frac{1}{2}H_2SO_4\right)$溶液调至黄色刚刚褪去），然后加钼锑抗显色剂 5mL，定容至 50mL。室温 20~25℃静置 30min 后用分光光度计于 700nm 波长处比色测定。各容量瓶中 P 浓度分别为 0、0.1、0.2、0.4、0.6、0.8、1.0$\mu g \cdot mL^{-1}$。

方法 2：注射流动分析方法。

前处理后的过滤液直接上注射流动分析。

【结果计算】

钼锑抗比色法：

$$土壤全磷（P）量（mg \cdot kg^{-1}）=\rho \times \frac{V}{m} \times \frac{V_2}{V_1} \times 10^{-3}$$

式中：ρ——待测液中磷的质量浓度，$\mu g \cdot mL^{-1}$；

V——样品制备溶液的体积，mL；

m——样品土样质量，g；

V_1——吸取滤液体积，mL；

V_2——显色的溶液体积，mL；

10^{-3}——单位换算。

二、NaOH 碱熔比色法（适合全磷、全钾同时测定）

【目的意义】

了解土壤中全磷的供应状况对于施肥有直接的指导意义。

【原理方法】

在高温条件下，土壤中含磷矿物及有机磷化合物与高沸点的硫酸和强氧化剂高氯酸作用，使之完全分解，全部转化为正磷酸盐而进入溶液，然后用钼锑抗比色法测定。

【仪器试剂】

1. 主要仪器

分光光度计（要求包括 700nm 波长）、高温电炉（0 ~ 100℃）、分析天平（0. 0001g）。

2. 主要试剂

（1）NaOH（GB 629）；

（2）无水乙醇（GB 678）；

（3）$100g \cdot L^{-1}$碳酸钠溶液：10. 00g 无水碳酸钠（GB 639）定容至 100mL，摇匀。

（4）$50mL \cdot L^{-1}$ H_2SO_4溶液：吸取 5mL 浓硫酸（GB 625，$\rho=1.84g \cdot mL^{-1}$，化学纯）定容至 100mL。

（5）$3mol \cdot L^{-1}$ H_2SO_4溶液：量取 160mL 浓硫酸缓缓加入盛有 800mL 水的大烧杯中，不断搅拌，冷却后，再加水至 1000mL。

（6）二硝基酚指示剂：称取 0. 25g 2，4－二硝基酚或 2，6－二硝基酚溶于 100mL 水中。

（7）硫酸钼锑贮备液：量取 126mL 浓硫酸，缓缓加入 400mL 水中，不断搅拌、冷却；另称取钼酸铵（GB 657）10g 溶解于温度约 60℃的 300mL 水中，冷却，然后将硫酸溶液缓缓倒入钼酸铵溶液中，再加入 5g·L^{-1}酒石酸锑钾溶液 100mL，冷却后，定容至 1000mL，摇匀，贮于棕色瓶中。此贮备液含 10g·L^{-1}钼酸铵，2.25mol·L^{-1}硫酸。

（8）钼锑抗显色剂：称取 1.5g 抗坏血酸（左旋，旋光度+21°~22°）溶液于 100mL 钼锑贮备液中。此溶液用时现配。

（9）磷标准贮备液：准确称取经 105℃烘干 2h 的磷酸二氢钾（GB 1274，优级纯）0.4390g，用水溶解后，加入 5mL 浓硫酸，然后加水定容至 1000mL，该溶液含磷 100mg·L^{-1}，放入冰箱可长期使用。

（10）5mg·L^{-1}磷（P）标准溶液：准确吸取 5mL 磷贮备液，定容至 100mL 容量瓶中，摇匀。此溶液用时现配。

【基本步骤】

1. 前处理

称取过 100 目土壤筛的风干土样 0.25g，同时测定含水量，放于镍坩埚底部，用无水酒精稍湿润样品，然后加固体 NaOH（片状）2.00g，平铺于土壤的表面，暂放在大干燥器中，以防吸湿。将坩埚加盖留一小缝放在高温电炉内，先以低温加热，当炉温升至 400℃时关闭电源 15min 后继续升温（这样可以避免 NaOH 和样品溢出），然后逐渐升高温度至 450℃，保持此温度 15min，熔融完毕。冷却后，加水 10mL，加热至 80℃左右，待熔块溶解后，再煮 5min，转入 50mL 容量瓶中，然后用少量 0.2moL·L^{-1} H_2SO_4溶液清洗数次，一起倒入容量瓶内，使总体积至约 40mL，再加盐酸（1∶1）5 滴和硫酸（1∶3）5mL，用水定容，过滤。

2. 测定

方法 1：钼锑抗比色法。

准确吸取滤液 5mL 于 50mL 容量瓶中，加水至 30mL 左右，加入二硝基酚指示剂 2 滴，并用 100g·L^{-1}碳酸钠溶液或 50mL·L^{-1}硫酸调至微黄色，准确加入 5mL 钼锑抗显色剂，定容至 50mL，摇匀，20~25℃静置 30min 后在分光光度计上于 700nm 处比色。

标准曲线：准确吸取 5μg·mL^{-1} P 标准溶液 0、2、4、6、8、10mL 于 50mL 容量瓶中，加水至 30mL 左右，同时加入空白试验定容后的碱液 5mL，加入 2 滴二硝基酚指示剂，准确加入 5mL 钼锑抗显色剂，定容至 50mL，摇匀，20~25℃静置 30min。在分光光度计上于 700nm 处比色。

方法 2：注射流动分析方法。

将前处理滤液直接上注射流动分析。

【结果计算】

钼锑抗比色法：

$$土壤全磷（P）量（mg \cdot kg^{-1}）=\rho \times \frac{V}{m} \times \frac{V_2}{V_1} \times 10^{-3}$$

式中：ρ——在标准曲线上查得待测液中磷的质量浓度，μg · mL^{-1}；

V——样品制备溶液的体积数，mL；

m——样品土样称取质量，g；

V_1——吸取滤液，mL；

V_2——显色的溶液体积，mL；

10^{-3}——单位换算。

实验十三　土壤中全钾的测定

【目的意义】

钾素是植物生长所需要的养分之一，近年来，随着复种指数的增加和单位面积产量的提高，在我国某些地区，施用钾肥已成为高产的措施之一。

钾在土壤中以各种矿物及盐类的状态存在，其中绝大部分不能被植物吸收利用。植物只能吸收土壤中的水溶性钾。为了判断土壤肥力，测定土壤钾素的含量是有重要意义的。

【原理方法】

样品的分解有碳酸钠碱熔法、氢氟酸-高氯酸法、氢氧化钠碱熔法，这些方法各有优缺点。如碳酸钠碱熔法制备的待测液可用于全磷、全钾的测定和其他元素的测定，但需用铂坩埚，有条件限制，若单独测定全钾则无此必要。氢氟酸-高氯酸法亦需用铂坩埚，但目前已经可用塑料坩埚代替，所制备的待测液也可同时测定多种元素，而且溶液中杂质较少，可用于各种元素的分析，但结果偏低，同时对坩埚的腐蚀性大。氢氧化钠碱熔法提取完全，可采用银、镍、铁坩埚，是适用于一般实验室的较好方法，同时所制备的同一待测液可以用来测定全磷和全钾。本实验着重介绍氢氧化钠碱熔-火焰光度计测定法。

用 NaOH 熔融土壤，增加盐基成分，促进硅铝酸盐的分解，以利于各种元素的溶解。制成含 K^+ 的碱性待测液，将此待测液置于火焰光度计上，用压缩空气使火焰喷成雾状，与乙炔或其他可燃气体混合燃烧，溶液中的钾离子则发射特定波长的光，用滤光片分离选择后，由光电流将火焰发出的光能变成光电流，再由检流计量出光电流的强度。光电流的强度与溶液的含钾量成正相关。再从同样条件下测定的标准液所作的曲线上查出相对应的浓度，从而计算出未知溶液的含钾量。

【仪器试剂】

主要仪器：火焰光度计、量瓶、塑料瓶、银坩埚（30mL）、高温电炉（或四孔电炉、酒精灯）。

主要试剂：

（1）固体氢氧化钠；

（2）95%酒精；

（3）4.5mol · L^{-1}硫酸溶液：用量筒取250mL浓硫酸缓缓地加入100mL蒸馏水中；

（4）1∶1盐酸；

（5）氧化钾标准液：准确称取经105℃烘干4~6h的分析纯（或优级纯）氯化钾1.5830g溶于蒸馏水中定容至1000mL，摇匀，即为1000μg · mL^{-1}氧化钾基准液。将此溶液再稀释成500μg · mL^{-1}或100μg · mL^{-1}，然后再配制5、10、20、30、50、70μg · mL^{-1}氧化钾标准溶液系列各250mL，分别贮存于塑料瓶中备用。由于采用不同试剂的待测液进行比色，其中加入了不同量的各种试剂，给火焰光度法带来了一定的干扰，为了消除这种干扰，可相应地配制氧化钾的标准溶液，在标准溶液中加入制备待测液时所用试剂的相应数量，从而消除试剂的干扰作用。

【基本步骤】

称取通过0.25mm孔筛的风干土样或烘干样品0.3000g，于银坩埚底部（切勿粘在壁上）。用95%酒精稍湿润样品，加2g固体氢氧化钠于坩埚的土壤面上，铺平。暂时放于大干燥器中，以防止吸水潮解。同时做空白试验。

将坩埚加盖留一缝隙，放在高温电炉内，由低温升至720℃并保持15min，取出冷却。加10mL左右蒸馏水，在电炉上加热至80℃左右，熔块熔解后，再煮沸5min，然后将坩埚内的溶液用漏斗转入50mL容量瓶中，用5mL左右蒸馏水，2mL 4.5mol · L^{-1}硫酸和少量蒸馏水依次洗涤坩埚并倒入容量瓶中。

向容量瓶中加5滴1∶1盐酸及5mL 4.5mol · L^{-1}硫酸。摇动冷却至室温，再加水稀释至刻度，摇匀后静置澄清，或用干燥纸过滤于干的容器中。

吸取5mL滤液于25mL容量瓶中，定容后在火焰光度计上比色。同时比色系列相应的标准氧化钾溶液，绘制成标准曲线。

在方格上以氧化钾ppm数（μg · mL^{-1}）为横坐标，检流计读数为纵坐标，绘出曲线，然后用待测液的读数在曲线上查出相应的ppm数。

【结果计算】

$$\text{土壤中全钾（K）含量（mg·kg}^{-1}\text{）}=\frac{\rho \times V \times \text{ts}}{m}$$

式中：ρ——标准曲线上查得测定液的质量浓度，μg · mL^{-1}；

V——测定液定容体积，mL；

ts——分取倍数（浸提液总体积与测定时所吸取浸提液体积之比）；

m——样品土质量，g。

【注意事项】

用氢氧化钠熔融样品时，一般要由低温开始，待逐渐脱水后才能高温加热，可避免溅跳现象。有时为了成批地连续熔样，可以先将装有样品和氢氧化钠的坩埚放在电炉上低温脱水，再放入720℃高温电炉中。如果用四孔电炉或酒精灯熔样时，会发生氢氧化钠脱水时的激烈溅跳（溅到坩埚上部或坩埚盖上常常会使这部分样品熔融不完全，为了克服这一缺点，也可先把2g固体氢氧化钠放在坩埚中先行脱水，熔解后称入样品再熔样）。

银坩埚的熔点较低，960℃就会熔化，当高温电炉的温度与温度自动控制器的指示温度不符时，可用纯氯化钠在800℃时的标准熔点来校正炉温。

银离子对测定钾有干扰，故必须加数滴1∶1盐酸使氯化银沉淀，氯化银不溶于硫酸中。

氢氧化钠熔块不能用沸水提取，否则会造成激烈的沸腾，使溶液溅失，只有在80℃左右待其溶解后再煮沸几分钟，这样提取更加完全。

实验十四　土壤中全盐量的测定

一、待测液的制备

【目的意义】

为测土中含盐量做准备。

【原理方法】

土壤样品按一定水土比例混合，经一定时间的振荡后，将土壤中可溶性盐分提取到溶液中，将此水土混合液过滤便可作为可溶性盐分测定的待测液。

【仪器设备】

电动振荡机、真空泵、大口塑料瓶（1000mL）、巴氏滤管或平板瓷漏斗、抽气瓶（1000mL）。

【基本步骤】

（1）称取通过 1mm 孔筛风干土样约 50g（精确到 0.1g），放入 500mL 大口塑料瓶中加入 250mL 无 CO_2 蒸馏水。

（2）将塑料瓶用橡皮塞塞紧后在振荡机上振荡 3min。

（3）振荡后立即抽气过滤，如样品不太黏重或碱化度不高，可改用平板瓷漏斗过滤，直到滤清为止。上清液存于 250mL 三角瓶中，用橡皮塞盖紧备用。

二、土壤中全盐量的测定

【目的意义】

测土壤中含盐量的多少。

【原理方法】

吸取一定量的待测液，经蒸干后，称得的重量即为烘干残渣量（一般略高于或接近盐分总量）。将此烘干残渣总量再用过氧化氢去除有机质后，称其重量即得可溶盐分总量。

【仪器设备】

瓷蒸发皿（100mL）、分析天平、电烘箱、水浴锅等。

【基本步骤】

（1）吸取待测上清液 50~100mL，放入已知重量（W_2）的蒸发皿中，在水浴锅上蒸干。

（2）加入 10%~15% H_2O_2 1~3mL（视有机质含量定），转动蒸发皿，使 H_2O_2 与残渣全部接触，继续蒸干。如此重复用 H_2O_2 处理数次至有机质氧化尽，残渣呈白色为止。

（3）在用滤纸擦干蒸发皿外部后，置于 100~105℃恒温烘箱中（1~2h），烘干至恒重（W_2）。前后两次重量不得超过 1mg。

【结果计算】

$$土壤全盐量=\frac{W_2-W_1}{W}\times 100\%$$

式中：W——代表所取待测液相当于烘干土重，g。

实验十五　土壤阳离子交换量的测定

一、$BaCl_2$—阳离子交换法

【目的意义】

通过测定表层和深层土的阳离子交换量，了解不同土壤阳离子交换量的差别。

【原理方法】

本实验采用的是快速法来测定阳离子交换量。土壤中存在的各种阳离子可被某些中性盐（$BaCl_2$）水溶液中的阳离子（Ba^{2+}）等价交换。由于在反应中存在交换平衡，交换反应实际上不能进行完全。当增大溶液中交换剂的浓度、增加交换次数后，可使交换反应趋于完全。交换离子的本性，土壤的物理状态等对交换反应的进行程度也有影响。再用强电解质（硫酸溶液）把交换到土壤中的 Ba^{2+} 交换下来，由于生成了硫酸钡沉淀，而且氢离子的交换吸附能力很强，使交换反应基本趋于完全（图 1.10）。这样通过测定交换反应前后硫酸含量的变化，可以计算出消耗硫酸的量，进而计算出阳离子交换量。

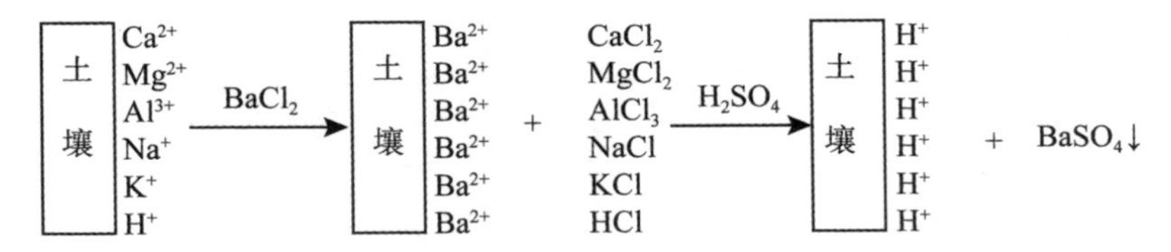

图 1.10　Ba^{2+} 等价交换溶液中的其他阳离子

【仪器试剂】

（1）离心机、离心管；

（2）锥形瓶：100mL；

（3）量筒：50mL；

（4）移液管：10mL、25mL；

（5）碱式滴定管：25mL；

（6）试管；

（7）0. 1mol · L^{-1}氢氧化钠标准溶液；

（8）0. 5mol · L^{-1}氯化钡溶液；

（9）酚酞指示剂 1%；

（10）0. 1mol · L^{-1}硫酸溶液；

（11）土壤样品，风干后磨碎过 200 目筛。

【基本步骤】

（1）取 4 个洗净烘干且重量相近的 50mL 离心管，贴好标签。在天平上分别称出其重量（*W*g）（准确至 0. 005g，以下同）。在其中 2 个中各加入 1g 左右表层风干土壤样品，其余 2 个中加入 1g 深层风干土壤样品，并做好相应标记。

（2）向各管中加入 20mL 氯化钡溶液，用玻璃棒搅拌 4min 后，以 3000r · min^{-1}转速离心 10min 至上层溶液澄清、下层土样紧实为止。倒尽上清液，然后再加 20mL 氯化钡溶液，重复上述操作一次，离心完后保留管内土层。

（3）在各离心管内加入 20mL 蒸馏水，用玻璃棒搅拌 1min 后，再离心一次，倒尽上层清液，称出离心管连同土样的重量（*G*g）。

（4）移取 25. 00mL 0. 2mol · L^{-1}硫酸溶液至各离心管中，搅拌 10min 后，放置 20min，离心沉降，将上清液分别倒入 4 个锥形瓶中，再从中分别移取 10. 00mL 上清液至另外 4 个 100mL 锥形瓶中。同时，分别移取 10. 00mL 0. 2mol · L^{-1}硫酸溶液至第 5、第 6 个锥形瓶中。在这 6 个锥形瓶中各加入 10mL 蒸馏水和 1 滴指示剂。用标准氢氧化钠溶液滴定，溶液转为红色并数分钟不褪色为终点。记录 0. 2mol · L^{-1}硫酸溶液和样品溶液耗去的标准溶液的体积，分别为 *A*（mL）和 *B*（mL）。

【结果计算】

按下式计算土壤阳离子交换量：

$$\text{交换量}\left(\text{cmol}\cdot\text{kg}^{-1}\text{土}\right)=\left(A\times 2.5-B\times\frac{25+m}{10}\right)\times\frac{N_{\text{NaOH}}}{\text{干土重}}\times 100$$

式中：m——加硫酸前土壤中的水量，$m=G-W-$干土重。

N_{NaOH}——氢氧化钠标准溶液的浓度，0. 1mol · L^{-1}。

【思考题】

两种土壤阳离子交换量有差别的原因是什么？

【注意事项】

（1）实验所用的玻璃器皿应洁净干燥，以免造成实验误差。

（2）离心时注意，处在对应位置上的离心管应重量接近，避免重量不平衡情况的出现。

二、EDTA—铵盐快速交换法

【目的意义】

土壤的阳离子交换性能是由土壤胶体表面性质所决定的，由有机质的交换基与无机质的交换基所构成，前者主要是腐殖质酸，后者主要是黏土矿物。它们在土壤中互相结合着，形成了复杂的有机无机胶质复合体，所能吸收的阳离子总量包括交换性盐基（K^+、Na^+、Ca^{2+}、Mg^{2+}）和水解性酸，两者的总和即为阳离子交换量。其交换过程是土壤固相阳离子与溶液中阳离子起等量交换作用。阳离子交换量的大小，可以作为评价土壤保水保肥能力的指标，是改良土壤和合理施肥的重要依据之一。

【原理方法】

采用0.005mol · L^{-1} EDTA与1mol · L^{-1}的醋酸铵混合液作为交换剂，在适宜的pH值条件下（酸性土壤pH=7.0，石灰性土壤pH=8.5），这种交换络合剂可以与二价钙离子、镁离子和三价铁离子、铝离子进行交换，并在瞬间形成电离度极小而稳定性较大的络合物，不会破坏土壤胶体，加快了二价以上金属离子的交换速度。同时由于醋酸缓冲剂的存在，对于交换性氢和一价金属离子也能交换完全，形成铵质土，再用95%酒精洗去过剩的铵盐，用蒸馏法测定交换量。对于酸性土壤的交换液，同时可以用作交换性盐基组成的待测液。

【仪器试剂】

主要仪器：

架盘天平（500g）、定氮装置、开氏瓶（150mL）、电动离心机（转速3000～4000r · min^{-1}）、离心管（100mL）、带橡皮头玻璃棒、电子天平（0.01g）。

主要试剂：

（1）0.005mol · L^{-1} EDTA与1mol · L^{-1}醋酸铵混合液：称取化学纯醋酸铵77.09g及EDTA 1.461g，加水溶解后一起洗入1000mL容量瓶中，再加蒸馏水至900mL左右，以1∶1氢氧化铵和稀醋酸调至pH=7.0或pH=8.5，然后再定容到刻度，即用同样方法分别配成两种不同酸度的混合液，备用。其中 pH = 7.0 的混合液适用于中性和酸性土壤的提取，pH = 8.5 的混合液仅适用于石灰性土壤的提取。

（2）95%酒精：工业用，应无铵离子反应。

（3）2%硼酸溶液：称取 20g 硼酸，用热蒸馏水（60℃）溶解，冷却后稀释至 1000mL，最后用稀盐酸或稀氢氧化钠调节 pH 值至 4.5（定氮混合指示剂显酒红色）。

（4）定氮混合指示剂：分别称取 0.1g 甲基红和 0.5g 溴甲酚绿指示剂，放于玛瑙研钵中，并加 100mL 95%酒精研磨溶解，此液应用稀盐酸或氢氧化钠调节 pH 值至 4.5。

（5）纳氏试剂（定性检查用）：称取氢氧化钠 134g 溶于 460mL 蒸馏水中；称取碘化钾 20g 溶于 50mL 蒸馏水中，加碘化汞使溶液至饱和状态（大约 32g）。然后将以上两种溶液混合即可。

（6）0.05mol · L^{-1}盐酸标准溶液：取浓盐酸 4.17mL，用水稀释至 1000mL，用硼酸标准溶液标定。

（7）氧化镁（固体）：在高温电炉中经 500~600℃灼烧半小时，使氧化镁中可能存在的碳酸镁转化为氧化镁，提高其利用率，同时防止蒸馏时产生大量气泡。

（8）液态或固态石蜡。

【基本步骤】

称取通过 60 目筛的风干土样 1.××g（精确到 0.01g），有机质含量少的土样可称 2~5g，将其小心放入 100mL 离心管中。沿管壁加入少量 EDTA-醋酸铵混合液，用带橡皮头的玻璃棒充分搅拌，使样品与交换剂混合，直到整个样品呈均匀的泥浆状态，再加交换剂使总体积为 80mL 左右，再搅拌 1~2min，然后洗净带橡皮头的玻璃棒。

将离心管在粗天平上成对平衡，对称放入离心机中离心 3~5min，转速 3000r · min^{-1}左右，弃去离心管中的清液。然后将载土的离心管管口向下用自来水冲洗外部，用不含铵离子的 95%酒精如前搅拌样品，洗去过剩的铵盐，洗至无铵离子反应为止。

最后用自来水冲洗管外壁后，在管内放入少量自来水，用带橡皮头的玻璃棒搅成糊状，并洗入 150mL 开氏瓶中，洗入体积控制在 80~100mL，其中加 2mL 液状石蜡（或取 2g 固体石蜡）、1g 左右氧化镁。然后在定氮仪中进行蒸馏，同时进行空白试验。

【结果计算】

$$阳离子交换量（cmol \cdot kg^{-1}土）= \frac{M \times (V-V_0)}{样品重}$$

式中：V——滴定待测液所消耗盐酸毫升数；

V_0——滴定空白所消耗盐酸毫升数；

M——盐酸的摩尔浓度；

样品重——烘干土样质量。

第二部分　综合实习

土壤地理学的学习以野外为第一实验室，桂西南龙虎山、通灵大峡谷、崇左德天瀑布、十万大山、江山半岛等被誉为自然地理实习中的“黄金路线”，土壤、植被典型分布，土壤的形成、发生、发展具有特殊的地域性和明显的地带性，为实习观测及调查土壤与地理环境之间的关系提供了天然条件。

实习一　广西南宁市隆安县龙虎山实习

【地理概述】

隆安县位于中国广西的西南部、右江下游两岸，地处 22°51′—23°21′N，107°21′—108°6′E，东及东北邻武鸣区，西连天等、大新两县，西北与著名铝业基地平果县相连，南同南宁市西乡塘区及崇左市江州区、扶绥县接壤，是大西南铁路、公路、水路的重要交通枢纽。

龙虎山风景名胜区位于南宁市郊隆安县境内，是广西壮族自治区级森林和野生动物类型综合自然保护区及自然风景名胜区，是中国“四大猴山”之一。龙虎山坐落在大明山山脉的北坡，是桂西南石灰岩山地东北边缘的部分，属于喀斯特地貌，峰峦密集，基座相连，中间多形成狭长的谷地。

龙虎山自然保护区属亚热带季风气候区，气候温和，雨量足、雾气浓、相对湿度较大。保护区地处石灰岩区，土壤虽多为石灰土，但由于所处的地理位置不同，植被和水分状况的差异，形成了发育阶段上差别或属性不同的各种土壤。本区土壤 pH 值随着地形的变化而呈现不同变化，多为自高到低递减的趋势，各类土壤剖面 pH 值的变化为上层较高，往下逐渐降低。

本区的土壤类型以棕色石灰岩土为主，兼有灰绿色石灰岩黏土、黑色石灰岩土、淋溶红色石灰岩土及原始石灰岩土等，土壤性状多呈中性到微碱性，pH 值 6.0~7.5。

【实习目的】

（1）了解亚热带季风气候区石灰岩山区土壤的形成与发育。

（2）认识不同地理环境下形成不同的土壤类型与特征。

（3）观察幼年土的基本特征。

（4）了解龙虎山不同生物种类对土壤发育的影响。

【实习内容】

（1）采集龙虎山中猕猴活动频繁区域的土壤，分析土壤颜色、质地、结构、孔隙度、湿度、松紧度、侵入体、植物根系含量、pH值及石灰反应情况等理化性质，了解猕猴活动对土壤的影响。

（2）采集龙虎山背面和龙虎山山脚金花茶种植园土壤，分析土壤颜色、质地、结构、孔隙度、湿度、松紧度、侵入体、植物根系含量、pH值及石灰反应情况等理化性质，了解金花茶种植对土壤的影响。

（3）采集龙虎山山体的土壤与附近不受人为因素干扰或干扰较弱的区域土壤做对照，分析土壤颜色、质地、结构、孔隙度、湿度、松紧度、侵入体、植物根系含量、pH值及石灰反应情况等理化性质，对比分析龙虎山石灰岩山区土壤的类型和特征。

（4）采集龙虎山中不同地形土壤，分析土壤理化性质，了解地形对土壤特征的影响。

【实习用品】

地形图、GPS、罗盘仪、取土器、削土刀、环刀（带刀托和盖）、木槌、记号笔、天平（0.001g）、标本盒、布袋、真空包装袋、铁锹、门塞尔比色卡、土壤坚实度计、10%盐酸溶液、pH混合指示剂、白瓷板、玻璃棒、pH标准比色卡、软尺、剖面刀、铅笔、塑料袋、标签、纸盒、土壤剖面记载表、文件夹、塑料盆、橡胶垫。

【注意事项】

（1）外出要遵守纪律，注意防暑、防晒、防雨、防虫、防蛇、防滑，鞋子以运动鞋或平底鞋为宜，野外实习过程中应避免接触有毒植物汁液、花粉等，以防过敏或感染。

（2）龙虎山猴子较多，有经过专门训练的猴子部队（“海军”“陆军”“空军”），有流浪猴（散逃猴），禁止在没有工作人员的指导下挑逗猴子，严格按照当地导游或工作人员的要求与猴子互动，以免被猴子抓伤或掠走财物等。

【作业思考】

（1）阐述亚热带季风气候区石灰岩山区土壤的形成与发育的基本情况。

（2）观察幼年土的基本特征，阐述龙虎山幼年土形成的机制。

（3）讨论龙虎山不同生物种类对土壤发育情况的影响。

实习二　广西靖西市通灵大峡谷野外实习

【地理概述】

靖西市隶属广西壮族自治区，位于22°51′—23°34′N，105°56′—106°48′E；地处中越边境，边境线长152.5km，南与越南社会主义共和国高平茶岭县、重庆县山水相连，西与那坡县毗邻，北与百色市区和云南省富宁县交界，东与天等县、大新县接壤，东北紧靠德保县。

靖西属亚热带季风气候，年均气温19.1℃，素有“小昆明”之称。境内以溶蚀高原地貌为主，山明、水秀，以奇峰异洞、四季如春的自然风光闻名遐迩，又有山水“小桂林”之誉，是旅游、度假和避暑的理想胜地。靖西市地势由西北向东南倾斜，略呈阶梯形态，西北部海拔706~1040m，中部海拔700~850m，东南部海拔250~650m。整个地势为石灰岩高原，境内除东部古龙出露花岗岩及南部有零星辉绿岩和少部分地区散布一些页岩、砂岩外，大部分都是由石灰岩组成的峰林、峰丛山地，石山与石山之间有许多较平坦广阔的溶蚀盆地和槽形谷地。西部为低中山峰丛凹地，其中有小片的溶蚀坡立谷，东南部为低山峰屏坡立谷及峰丛槽谷。靖西市的土壤，大部分含碳酸盐较多，石灰性水稻田碱性强，具有石灰反应；质地偏黏；土壤有机质含量高，有效磷、钾缺乏；有锅巴和石灰淀积等障碍层次。

通灵大峡谷位于靖西市东南部32km的湖润镇新灵村，古龙山水源林自然保护区的南端，由念八峡、通灵峡、古劳峡、新灵峡、新桥峡组成，总长10多千米。

【实习目的】

（1）了解亚热带季风气候石灰岩山区土壤的形成与发育。

（2）认识通灵大峡谷土壤类型与特征。

（3）分析通灵大峡谷不同生物种类对土壤发育的影响。

【实习内容】

（1）采集通灵大峡谷沿途桄榔林的土壤，分析土壤颜色、质地、结构、孔隙度、湿度、松紧度、侵入体、植物根系含量、pH值及石灰反应情况等理化性质，了解桄榔生长对土壤的影响。

（2）采集通灵瀑布附近土壤，分析土壤颜色、质地、结构、孔隙度、湿度、松紧度、侵入体、植物根系含量、pH 值及石灰反应情况等理化性质，了解瀑布环境对土壤的影响及植被特征。

（3）采集通灵大峡谷及其附近不受人为因素干扰或干扰较弱的区域土壤作对照，分析土壤的理化性质，识别通灵大峡谷土壤的特征。

（4）观察原始土壤成土过程。

【实习用品】

地形图、GPS、罗盘仪、取土器、记号笔、标本盒、布袋、真空包装袋、铁锹、门塞尔比色卡、土壤坚实度计、10%盐酸溶液、pH 混合指示剂、白瓷板、玻璃棒、pH 标准比色卡、软尺、剖面刀、铅笔、塑料袋、标签、纸盒、土壤剖面记载表、文件夹、塑料盆、橡胶垫。

【注意事项】

（1）外出要遵守纪律，注意防暑、防晒、防雨、防虫、防蛇、防滑，鞋子以运动鞋或平底鞋为宜，野外实习过程中避免接触有毒植物汁液、花粉等，以防过敏或感染。

（2）通灵大峡谷谷内湿潮，有时积水、有时滴水，依据季节或天气，注意备伞、备拖鞋，以防打湿衣服或鞋子。

【作业思考】

（1）分析通灵大峡谷不同高程土壤发育情况。

（2）观察分析原始土壤成土过程的形成。

（3）举例说明生物风化作用对土壤形成的影响。

实习三 广西崇左市德天瀑布实习

【地理概述】

大新县位于广西西南部，地处22°29′—23°05′N、106°39′—107°29′E，东北邻隆安县，正北与天等县接壤，西北同靖西市相近，西南靠近龙州县，正西与越南社会主义共和国毗连，国界线长40余千米。大新县地貌分别从西北和东北角向南伸展，北高、南略低，呈东西长、南北窄。县域地处云贵高原南缘，境内以低山、丘陵、喀斯特峰丛、洼地谷地为主，地势北高南略低。大新县属亚热带季风气候，地处北回归线以南，太阳辐射强，雨热同期，雨量较多，少霜无雪，夏季炎热、冬季温和。

德天瀑布位于广西壮族自治区崇左市大新县硕龙镇德天村，中国与越南边境处的归春河上游，瀑布气势磅礴、蔚为壮观，与紧邻的越南板约瀑布相连，是亚洲第一、世界第四大跨国瀑布，年均水流量约为贵州黄果树瀑布的三倍。德天瀑布所在地地层主要为中泥盆统白云质灰岩，为典型的岩溶瀑布。其上游是流经越南境内的归春河，此段河道为分汊型河道，河床宽浅，多江心洲、心滩。在接近德天瀑布时，瀑布下游河床与瀑布顶端河床的高差约6m，河水为寻求到达下游水面的最短路线，致使归春河的水流在瀑布上部河床中白云岩石芽中夺路而行，形成了诸如浦汤岛等石芽岛屿。这些河中岛屿将河水分割成多股水流，从不同的部位流到瀑布陡崖边，致使瀑布瀑水呈多束状。德天瀑布的跌水陡崖所处地层为中泥盆统东岗岭组白云质灰岩，而瀑布的跌水底部为下泥盆统灰绿、黄绿、黄褐色等色的粉砂岩、泥质粉砂岩、页岩等碎屑岩地层。粉砂岩、泥质粉砂岩、页岩等碎屑岩抗侵蚀能力差，易被水流冲刷侵蚀，而白云岩抗水流冲刷侵蚀能力很强，并且由厚层状白云岩组成的边坡稳定，虽然白云岩可被水溶蚀，但其溶蚀速度较慢，远不如水流的冲刷侵蚀破坏性大，并且白云岩本身的可溶性也不是很强。

【实习目的】

（1）了解典型岩溶地区土壤的形成与发育。

（2）认识长期受瀑布影响下的土壤类型与特征。

（3）分析水流侵蚀下土壤母质形成的特点。

【实习内容】

（1）观察瀑布激流下土壤母质的形成及母岩表面苔藓的分布特征，了解苔藓对土壤形成的作用。

（2）采集边贸区域范围内土壤，分析人为干扰下土壤颜色、质地、结构、孔隙度、湿度、松紧度、侵入体。了解不同行政区划下人文环境对土壤的影响。

【实习用品】

地形图、GPS、罗盘仪、取土器、记号笔、标本盒、布袋、真空包装袋、铁锹、门塞尔比色卡、土壤坚实度计、10%盐酸、pH混合指示剂、白瓷板、玻璃棒、pH标准比色卡、软尺、剖面刀、铅笔、塑料袋、标签、纸盒、土壤剖面记载表、文件夹、塑料盆、橡胶垫。

【注意事项】

（1）外出要遵守纪律，注意防暑、防晒、防雨、防虫、防蛇、防滑，鞋子以运动鞋或平底鞋为宜，野外实习过程中避免接触有毒植物汁液、花粉等，以防过敏或感染。

（2）德天瀑布区域湿潮、有时积水、有时滴水，依据季节或天气，注意备伞、备拖鞋，以防打湿衣服或鞋子。

【作业思考】

（1）分析德天瀑布不同高程土壤发育情况。

（2）观察分析原始土壤成土过程的形成。

（3）举例说明生物风化作用对土壤形成的影响。

实习四　广西十万大山国家级自然保护区野外实习

【地理概况】

广西十万大山国家级自然保护区属广西防城港市上思县，地处21°40′03″—22°04′18″N，107°29′59″—108°13′11″E，隶属十万大山山脉，位于中国西南，邻近南海北部湾，紧靠中越边境，属森林生态系统类型自然保护区。主要保护对象包括珍贵稀有动植物资源及其栖息地，广西南部沿海地区主要的水源涵养林，垂直带谱上的山地常绿阔叶林和不同自然地带的典型自然景观，保护区森林覆盖率64.8%(不含灌木林)。

十万大山山脉轴部地层以三叠系陆相砂岩、泥岩和砾岩为主，北翼为侏罗系砂岩、砾岩，南翼主要为印支期花岗斑岩和花岗岩。喜马拉雅运动受到花岗岩侵入的影响，发生挠曲作用，形成重叠的单斜山。西北坡平缓，东南坡陡峭。山势雄伟，脊线明显。十万大山山体庞大，地层古老，地貌复杂，以中山为主，海拔1000m以上的山峰共有82座，地势陡峭，切割强烈，沟谷发育，地貌主要以山地为主。山体基岩以砂岩、砂页岩为主，土壤类型主要有赤红壤、山地红壤、山地黄壤、山地草甸土和紫色土等。十万大山地处中国南部沿海地区，是广西南部最高的山地，属北热带季雨林地带，南亚热带海洋性季风气候，十万大山虽处于低纬度地带，但在海拔1200m以上的山地，可见到冰。

扶隆乡地处十万大山南麓，位于防城区西北部，距区政府驻地61km。东与大菉镇交界；南与那梭镇毗邻；西与那良镇接壤；北靠十万大山，与上思县南屏乡、华兰乡为邻。扶隆乡生态环境良好，是十万大山生态旅游中心小镇。旅游景点主要有神马水瀑布、扶隆大峡谷等。神马瀑布，当地俗称马射尿瀑布，位于平龙山国家级水源林保护区的原始森林里，观瀑亭位于扶隆至上思公路旁，距离乡政府驻地6km，瀑布高150多米。该瀑布是平龙山原始森林蓄积水汇积而成的，一年四季从不间断。冬季水量稍小，从公路眺望，犹如神马小解，白水从天而降，似白纱轻垂，给平龙山增添几分妩媚；夏秋雨季，雨量丰沛，瀑布宽达数丈，轰然而下，声传数里之外，沟底云雾蒸腾，大有气吞长虹之磅礴气势。神马瀑布如同一幅白练从山顶飞泻而下，砸到沟底，轰然作声，飞花四溅，犹如李白写的“飞流直下三千尺，疑是银河落九天”的感觉，极为壮观。传说，该瀑布有公母之分，母马瀑布常驻平龙山上，公马瀑布则经常神游于山间，若隐若现，十分神奇。

【实习目的】

（1）了解北热带季雨林地带土壤的形成与发育；
（2）观察扶隆沟谷土壤类型和特征；
（3）分析狭缝土壤的形成、发育和特征。

【实习内容】

主要观测点为扶隆隘（旧称夏隘），在大沟龙之西，海拔1082m，是从那荡圩经平良前往防城扶隆的重要隘口。在这里可以与八寨沟的土壤发育相比较，八寨沟是十万大山的余脉，但是由于人为干扰太多，植被多为次生林，土壤受干扰也较多。

（1）采集扶隆沟谷边坡土壤（图2.1），分析土壤颜色、质地、结构、孔隙度、湿度、松紧度、侵入体、植物根系含量、pH值及石灰反应情况等理化性质，了解扶隆沟谷土壤的类型和特征。

图2.1　第一个观测点：扶隆沟谷入口处15m左右，边坡土壤的采集及分析

（2）采集扶隆沟谷狭缝土壤（图2.2、图2.3），分析其理化性质，了解其形成、发育过程。

图 2.2　第二个观测点：扶隆沟谷内，狭缝土壤的采集及分析

图 2.3　典型狭缝土壤

【实习用品】

地形图、GPS、罗盘仪、取土器、记号笔、标本盒、布袋、真空包装袋、铁锹、门塞尔比色卡、土壤坚实度计、10%盐酸、pH 混合指示剂、白瓷板、玻璃棒、pH 标准比色卡、软尺、剖面刀、铅笔、塑料袋、标签、纸盒、土壤剖面记载表、文件夹、塑料盆、橡胶垫。

【注意事项】

（1）外出要遵守纪律，注意防暑、防晒、防雨、防虫、防蛇、防滑，鞋子以运动鞋或平底鞋为宜，野外实习过程中应避免接触有毒植物汁液、花粉等，以防过敏或感染。

（2）从扶隆沟谷入口至神马瀑布，沟壑纵横，沟内石块堆积，没有规范的道路，注意安全。

【作业思考】

（1）阐述狭缝土壤的发育特征及生态意义。

（2）阐述分析扶隆沟谷土壤类型和特征。

实习五 广西防城港市江山半岛怪石滩实习

【地理概况】

江山半岛状似龙头，古名白龙半岛，位于防城港东兴市，是广西最大的半岛，总面积 208km^2，海岸线 78km，蜿蜒绮丽，原始而纯朴，被誉为“北部湾最美海岸”。江山半岛属于具有海洋性的亚热带季风气候区，全年气候温暖，冬无严寒，夏无酷暑，四季如春，气候宜人，月平均气温在 27.6~29.1℃之间，无结冰现象。岛屿地处低纬度地区，受海洋和十万大山山脉的共同影响，雨量较充足，多年平均降水量是 2362.6mm。

怪石滩位于广西防城港市江山半岛灯架岭前，属于海蚀地貌，石头呈褐红色，经海浪千百万年的雕刻，形成今天形态各异、奇形怪状的天然石雕群，当地百姓据此起名怪石滩。怪石滩崖高岩矗，酷似内陆江河边上的悬崖，故游人又赋名“海上赤壁”。

【实习目的】

（1）观察怪石滩周边土壤类型和特征。

（2）了解亚热带海洋性气候地区土壤的形成和发育。

（3）了解广西典型紫砂岩形成土壤的特征及理化性状。

【实习内容】

（1）采集怪石滩海边和山体土壤，分析土壤颜色、深度、质地、结构、孔隙度、湿度、松紧度、侵入体、植物根系含量、pH 值及石灰反应情况等理化性质，了解怪石滩土壤的类型和特征。

（2）观察怪石滩沿岸岩石类型（图 2.4），分析具有热带海洋性气候的怪石滩土壤形成和发育的特点。

（3）观察紫砂母岩的层理结构（图 2.5）、母质形成等特征。

主要观测点如图 2.4、图 2.5 所示。

图 2.4 怪石滩沿岸母岩类型

图 2.5 紫砂母岩的层理结构

【实习用品】

地形图、GPS、罗盘仪、取土器、记号笔、标本盒、布袋、真空包装袋、铁锹、门塞尔比色卡、土壤坚实度计、10%盐酸、pH 混合指示剂、白瓷板、玻璃棒、pH 标准比色卡、软尺、剖面刀、铅笔、塑料袋、标签、纸盒、土壤剖面记载表、文件夹、塑料盆、橡胶垫、地质锤。

【注意事项】

（1）外出要遵守纪律，注意防暑、防晒、防雨、防虫、防蛇、防滑，鞋子以运动鞋或平底鞋为宜，野外实习过程中应避免接触有毒植物汁液、花粉等，以防过敏或感染。

（2）实习期间，禁止下海游泳。

【作业思考】

（1）阐述海积母质的特征及形成机理。

（2）阐述紫砂母岩的特征。

实习六　广西钦州市八寨沟实习

【地理概述】

八寨沟位于广西壮族自治区钦州钦北区贵台镇洞利村境内，是钦州大寺江的源头河之一，属十万大山支脉大龙岭分水岭水系，地处十万山北麓，北面与邕宁接壤，西北面与上思县、防城毗邻。广西钦州八寨沟即洞利大峡谷，因大峡谷周边有8个村寨而得名。八寨沟旅游区气候属亚热带季风气候，冬无严寒、夏无酷暑。年平均气温21.3~22.4℃；年平均降雨量1203.6~2820mm。八寨沟主要构成以印支期花岗斑岩、花岗岩和稀有的砂页岩为主。喜马拉雅运动受到花岗岩侵入的影响，发生挠曲作用，形成曲折的山涧地貌和八寨沟独特的地理构造。景区植被基本属于原始灌木林和亚热带阔叶林以及竹林，分布着松树、毛南竹、杉树、榕树等植被。另有湖榕木、格木、紫荆木、铁棱格、观光木等珍稀树种，以及金银花、黄杞子、枸骨藤等多种珍稀药材。

土壤的成土母质主要有砂页岩、花岗岩、紫色岩系、浅海沉积物、第四纪红土和河流冲积物等7种。由于成土母质较多，形成的土壤种类亦较多，钦州全市土壤分为7个土类，12个亚类，14个土属，75个土种。地带性土壤有砖红壤及赤红壤两个土类，非地带性土壤有水稻土、冲积土、紫色土、风沙土、沼泽土等5个土类。

【实习任务】

（1）了解成土母质的种类及形成；

（2）观察不同海拔高度土壤发育的差异；

（3）分析资源开发对土壤发育的影响；

（4）分析旅游活动对土壤发育的影响。

【实习内容】

（1）人为活动对土壤发育的影响——游道两边土壤发育。

（2）采集不同海拔高度土壤，对比分析不同海拔高度土壤的理化性质，了解土壤垂直发育、土壤分布特征。

（3）观察八寨沟岩石种类，分析土壤的成土母质类型和特征及观察土壤自然剖面。

（4）沿着游道在不同高程下采集样品（观察点大概在22°06′15.9″N，108°15′04.6″E，高程为103m；22°06′01.4″N，108°15′11.6″E，高程为147m）。

（5）在高程102m（22°06′15.9″N，108°15′04.5″E）处，有一人工剖面（图2.6），学习观察剖面层次的划分与划分层次的标准。

图2.6 人工剖面的观察与分析

图2.7所示为不同海拔高度的植被差异。图2.8所示为采集土样。

图2.7 不同海拔高度的植被差异

图 2.8　采集土样

第一个观察点土壤自然剖面的观察：

GPS 定位：22° 06′ 16.0″ N，108° 15′ 04.5″ E；坐标（X：2447927m，Y：216287m）；精度：4m；状态：3D 定位；高程：104m。

第二个观察点：不同海拔高度对土壤理化性状的影响以及游人旅游活动对土壤理化性状的影响。

第二个观察点其中一个高程样品的采集：

GPS 定位：22° 06′ 01.5″ N，108°15′12.0″E；坐标（X：2447478m，Y：216488m）；精度：6m；状态：3D 定位；高程：172m。

【实习用品】

地形图、GPS、罗盘仪、取土器、记号笔、标本盒、布袋、真空包装袋、铁锹、门塞尔比色卡、土壤坚实度计、10%盐酸、pH 混合指示剂、白瓷板、玻璃棒、pH 标准比色卡、软尺、剖面刀、铅笔、塑料袋、标签、纸盒、土壤剖面记载表、文件夹、塑料盆、橡胶垫、地质锤。

【注意事项】

外出要遵守纪律，注意防暑、防晒、防雨、防虫、防蛇、防滑，鞋子以运动鞋或平底鞋为宜，野外实习过程中应避免接触有毒植物汁液、花粉等，以防过敏或感染。

【作业思考】

（1）分析不同海拔高度土壤发育及其理化性状的差异。

（2）讨论旅游活动及资源开发对土壤发育的影响。

实习七　广西弄岗国家级自然保护区野外实习

【地理概述】

弄岗国家级自然保护区位于广西壮族自治区龙州和宁明两县交界处，与越南接壤，地理坐标为22°13′56″—22°39′09″N，106°42′28″—107°04′54″E，保护区呈WN—ES向长条状地块，由陇呼、弄岗、陇山3个片区组成，东西距离为33.53km，总面积10077 hm^2。该区属于亚热带季风气候，干湿季分明。年均降雨量1150~1550mm，年均气温22℃，最热月平均气温28~29℃，最冷月平均温度13℃。土壤为石灰土，母岩为碳酸盐类岩石。弄岗地貌总体为峰丛深切圆洼地槽谷地形，生长着世界少有的独特的石灰岩山地季雨林，是我国亚热带岩溶森林生态系统的典型代表。

【实习任务】

（1）了解弄岗自然保护区土壤的形成及土壤的类别。

（2）对比弄岗自然保护区与龙虎山自然保护区土壤的异同。

（3）学会自然剖面与人为剖面的观察与挖掘。

【实习内容】

（1）弄岗自然保护区入口处和拐角处的自然边坡自然剖面的观察。

（2）弄岗自然保护区海拔200m处，自然空旷处人为剖面的挖掘。

（3）弄岗自然保护区周边土壤颜色与种类的变化（图2.9~图2.12）。

【实习用品】

地形图、GPS、罗盘仪、取土器、记号笔、标本盒、布袋、真空包装袋、铁锹、门塞尔比色卡、土壤坚实度计、10%盐酸、pH混合指示剂、白瓷板、玻璃棒、pH标准比色卡、软尺、剖面刀、铅笔、塑料袋、标签、纸盒、土壤剖面记载表、文件夹、塑料盆、橡胶垫。

图 2.9　砖红壤

图 2.10　棕色土

图 2.11　棕红土

图 2.12　黄土

【注意事项】

外出要遵守纪律，注意防暑、防晒、防雨、防虫、防蛇、防滑，鞋子以运动鞋或平底鞋为宜，野外实习过程中应避免接触有毒植物汁液、花粉等，以防过敏或感染。

【作业思考】

（1）阐述弄岗自然保护区土壤的形成及土壤的类别。

（2）讨论弄岗自然保护区与龙虎山自然保护区土壤的异同。

实习八　北仑河口红树林自然保护区实习

【地理概述】

北仑河口红树林国家级自然保护区位于我国大陆海岸的西南端，地处广西防城港市管辖的防城区和东兴市海域，地理坐标为21°31′00″—21°37′30″N，108°00′30″—108°16′30″E。面积11927hm²，其中核心区面积4865hm²，试验区面积7062hm²。保护区由西到东跨越北仑河口（河口）、万尾岛（开阔海岸）和珍珠湾（港湾），海岸线总长105km。沿岸6%为沙质海岸，15%为淤泥质海岸，19%为基岩海岸，60%为人工海岸。整个保护区背靠十万大山，南濒北部湾，北面以低山丘陵为主。北仑河口位于保护区的西端，不仅是我国大陆西南入海口，也是我国和越南两国之间的一个界河河口。

保护区属南亚热带季风气候，受海洋和十万大山山脉的影响，境内阳光充足，雨量充沛，年降水量为2822mm，平均年降雨日数147.5天，集中在6—9月。保护区年均蒸发量为1400mm，小于降雨量。

【实习任务】

（1）了解掌握红树林土壤的生态环境。

（2）学会在滩涂采集土壤样品的规范操作。

（3）了解特殊环境下红树林土壤与岸边土壤的区别。

【实习内容】

采集红树林土壤（图2.13、图2.14），分析红树林土壤的理化性状。

【实习用品】

地形图、GPS、罗盘仪、取土器、记号笔、真空包装袋、门塞尔比色卡、土壤坚实度计、10%盐酸、pH混合指示剂、白瓷板、玻璃棒、pH标准比色卡、软尺、铅笔、塑料袋、标签、文件夹、塑料盆、橡胶垫。

图 2.13　红树林自然保护区

图 2.14　观察与采样

【注意事项】

（1）外出要遵守纪律，注意防暑、防晒、防雨、防虫、防蛇、防滑，鞋子以运动鞋或平底鞋为宜，野外实习过程中应避免接触有毒植物汁液、花粉等，以防过敏或感染。

（2）注意潮涨潮汐，注意安全。

【作业思考】

阐述分析红树林土壤理化性状的特征。

第三部分 附 录

附录一 土壤地理实习实验基本知识

一、地形图的判读

（一）基本理论

地形图和地质图是野外地理调查的重要工具，掌握地形图和地质图的野外应用，对地理工作者来说十分重要。

地形图从等高线形式的变化出发，利用等高线与地貌间的对应关系、等高线形式变化与地貌形态类型组合的一致性，分析地貌形态与形态类型组合、判译地貌类型及物质组成，这样可以掌握图面范围的地形大势、初步了解区域地貌的基本特征，还可以发现地表形态的细节。

1. 地形图的定义和用途

以一定的比例尺和投影方式，用规定符号表示地面上高低起伏的形态（也称地貌）和地物，在相应的介质上绘制地面点的平面位置和高程的这种图称为地形图。简单地说，地形图就是地貌和地物（总称地形）在水平面上的投影图。地形图的测绘有统一的国家规范和图式。

通过地形图，人们可以得到图幅所在地区的自然条件和社会经济状况。地形图是经济建设、国防建设、科学研究和人们生活的基本工具，是野外调查的工作底图，也是编制其他类型地图的基础资料，所以地形图在各国都是最基本、最重要的地图资料。

2. 地形图比例尺

将地形绘制到图上，必须加以缩小，缩小程度就用比例尺表示。一般来说，比例尺是指地形图上任意线段长度与地面上相应水平距离之比。用公式表示即为：

比例尺=图上长度/地面上相应水平距离

比例尺有数字比例尺、直线比例尺等形式，其中，数字比例尺常常以分子为1的分数表示，即

$$比例尺=\frac{d}{D}=\frac{1}{M}$$

式中，d——图上长度；

D——地面上相应水平距离；

M——比例尺分母。

比例尺的大小由比例尺分数值的大小决定：分母愈小，比例尺就愈大；分母愈大，比例尺就越小。例如，1∶1万比例尺大于1∶5万比例尺。比例尺大，地形图包括的实地范围较小，地形显示较详细，精度较高；反之，地形图包括的实地范围大，地形显示较简略，精度较低。为了满足经济建设和国防建设的需要，国家测绘、编制了不同比例尺的地形图。为了用图方便，通常将地形图比例尺分为大、中、小三类。大比例尺地形图包括1∶500、1∶1000、1∶2000、1∶5000的地形图；中比例尺地形图包括1∶1万、1∶2.5万、1∶5万、1∶10万的地形图；小比例尺地形图包括1∶25万、1∶50万、1∶100万的地形图。其中，1∶1万、1∶2.5万、1∶5万、1∶10万、1∶25万、1∶50万、1∶100万这几种比例尺地形图被确定为国家基本比例尺地形图（见表3.1）。

表3.1　**我国基本地形图的比例尺系列**

比例尺系列	地图称号	比例尺精度	图上1cm相当于地面上相应水平距离
1∶1万	万分之一	1	100m
1∶2.5万	二万五千分之一	2.5	250m
1∶5万	五万分之一	5	500m
1∶10万	十万分之一	10	1000m
1∶25万	二十五万分之一	25	2500m
1∶50万	五十万分之一	50	5000m
1∶100万	百万分之一	100	10000m

为了用图方便以及减小由于图纸变形引起的误差，地形图上常常绘制了图示比例尺，最常见的图示比例尺是直线比例尺。以2cm为基本单位，从直线比例尺上可直接读取基本单位的1/10，估读到1/100。

3. 地形图分幅和编号

为便于地形图的测绘、使用和管理，地形图需要统一分幅和编号，地形图的编号是分幅的方法确定。常用的地形图分幅有两种方法，按经纬线分幅的梯形分幅法，用于国家基本地形图的分幅；按坐标网格划分的正方形分幅法，用于工程建设的大比例尺地形图的分幅。

地形图的梯形分幅，是以国际统一规定的经纬线为基础划分的。子午线向南北极收敛，至此，整个图幅呈梯形。其划分的方法和编号，随比例尺不同而不同。1：100万地形图的分幅是从地球赤道起，分别向南、北两极，按纬差4°分成横行，依次用字母A，B，C，D表示；自经度180°起，由西向东按经差6°将地球分成60纵列，依次用数字1，2，3，…，60表示。这种规定分幅只适用于纬度在60°以下。当纬度在60°~76°时，就以纬差4°、经差12°分幅；纬度在76°~88°时，则以纬差4°、经差12°分幅。这样，整个地球被分成梯形格网状，1个梯形即为1幅图。1：50万、1：25万、1：10万地形图的分幅与编号都是在1：100万地形图的分幅和编号基础上划分的，每幅1：100万地形图划分为2行2列，共4幅1：50万地形图，每幅1：50万地形图的范围是经差3°，纬差2°。各比例尺地形图的经纬差、行列数和图幅数成简单的倍数关系。每幅图的编号用它们的横行字母和纵列数字表示，中间以横线相隔（见表3.2）。1：5万、1：2.5万、1：1万地形图的分幅与编号是直接或间接以1：10万地形图的分幅和编号为基础进行划分的，1：5000地形图的分幅与编号是直接以1：1万地形图的分幅和编号为基础进行划分的。

表3.2　　**地形图的梯形法分幅与编号**

比例尺	图幅大小		分幅方法		基本地形图的编号方法	
	经差	纬差	分幅基础	分幅数	代号	举例(北京)
1：100万	6°	4°			行A，B，C，…，V 列1，2，3，…，60	J-50
1：50万	3°	2°	1：100万	4	A，B，C，D	J-50-A
1：25万	1°30′	1°	1：100万	16	[1]~[16]	J-50-[3]
1：10万	30′	20′	1：100万	144	1~144	J-50-5
1：5万	15′	10′	1：10万	4	A，B，C，D	J-50-5-B
1：2.5万	7′30″	5′	1：10万	4	1，2，3，4	J-50-5-B-2
1：1万	3′45″	2′30″	1：10万	64	(1)~(64)	J-50-5-(15)
1：5000	1′52.5″	1′15″	1：1万	4	a，b，c，d	J-50-5-(15)-a

正方形分幅法是用整千米或整百米平面直角坐标线来划分图幅，常以1：5000地形图为基础。1：5000地形图的图号是用该幅图西南角坐标进行编号，以下各级比例尺地形图的编号都是通过在图幅所属的图幅图号后面加罗马数字Ⅰ、Ⅱ、Ⅲ或

Ⅳ来表示。各种比例尺编号的编排顺序都是自西向东、自北向南。例如，1∶5000地形图西南角的纵、横坐标分别为20km、30km，则它的图号为20-30，背景为灰色的1∶2000、1∶1000、1∶500的图号分别为20-30-Ⅰ、20-30-Ⅱ-Ⅱ、20-30-Ⅲ-Ⅳ-Ⅴ。

4. 地形图的共同特点

地形图的内容和形式各不相同，但都有一个共同特点：都由几种基本要素组成，例如图名、图号、图廓、比例尺、接图表、图例、说明资料、大地坐标系、直角坐标方格网、测量控制点以及水系、地貌、植被、居民地、道路、行政区划等。

（二）地形图的判读步骤

地形图是用特殊的符号系统来反映图幅所在地区的自然条件和社会经济观象。因此，地形图判读是提取和应用地形图信息的基本途径，一般包括以下几个步骤：

（1）了解测图的时间和单位，通过说明资料判断地形图的新旧程度和来源，分析适合自己的用图需求。

（2）了解地形图的比例尺，判断地图精度及其适用性。

（3）了解图幅范围及其与相邻图幅的关系，如果工作区范围大于图幅范围，可根据图廓外注明的图幅编号和接图表，到地形图保管部门收集自己工作区范围所需的地形图。

（4）了解图幅所用的等高距，确定地形图上的等高线高程。相邻两条等高线的高程差为等高距。在同一幅地形图上一般只有一种等高距。等高距愈小，则图上等高线愈密，显示愈详细；反之，图上等高线就越稀，地貌显示就越粗略。

（5）分辨水系的干支流关系、河流形状和流向、河谷宽度以及湖泊位置和大小等信息。

（6）了解图幅的地势特征和地貌类型。从水系特征着手，结合等高线的高程，分析山地、丘陵、平原和盆地分布，了解它们的相对高程和绝对高程；根据等高线形态特征了解山头、鞍部、洼地、山谷和山脊的分布（等高线通过山脊时，与山脊垂直相交，且向低处凸出；等高线通过山谷时，与山谷垂直相交，并向高处凸出）；根据等高距和等高线的疏密分布特征，了解地形的陡缓（等高线越密，说明地势越陡；等高线越稀，说明地势越缓）。

（7）读出植被的类型、分布、面积及其垂直变化和水平分布的地带性，了解植被的经济意义以及影响植被生长发育的因素。

（8）了解区域的经济建设和人民生活水平。根据居民点、交通邮电设施、学校、工厂、机关、公园、耕地等的分布情况，分析城乡之间的关系、人民生活水平，以及图幅所在地区在经济、军事上的重要性，预测其发展前景。

(三) 地形图的应用

1. 读取图上任意点(*A*)的坐标

利用地形图上的坐标网格,采用图解法可以读出地形图上任意点的平面直角坐标。即根据图廓西南角坐标,读取*A*点所在坐标网格左下角的横纵坐标;用尺子量出*A*点与其所在坐标网格左下角之间的水平距离和垂直距离,并换算成地面实际距离;将坐标网格左下角的横纵坐标与地面实际距离分别求和之后即可得到*A*点的坐标。

2. 确定图上两点(*A*、*B*)间的直线距离

通过直尺量出*AB*的长度,再乘以比例尺分母,即得到相应的地面实际水平距离。也可用纸条和图上直线比例尺量取*AB*的长度。

3. 求图上任意线段(*AB*)的方位角

用量角器直接量取*AB*线的坐标方位角。

4. 求图上任意点的高程

图上任意点的高程可根据等高线和高程注记来确定。当点位在等高线上时,它的高程就等于所在等高线的高程;若点位不在等高线上,可用比例尺内插法求得。

5. 确定图上两点(*A*、*B*)间的坡度

用*AB*的高程差(利用等高线和等高距读出)除以它们的地面实际距离(图上距离除以比例尺分母)即可得到。

6. 图解法求面积

用透明纸描绘地形图上待求面积的边界线,并用方格网(或平行线)分制成若干个格(或梯形),然后用方格数和方格面积(或梯形数和梯形面积)计算。

二、地质图的判读

(一) 基本理论

1. 地质图的定义和用途

地质图是用规定的符号、色谱和花纹将某地区的各种地质体和地质现象(如岩层、岩体、地质构造、矿床等的时代、产状、分布和相互关系),按一定比例缩小并概括地投影到平面图或地形图上的一种图件。着重表示某种地质现象的图件称专门地质图,如水文地质图。地质图与地形图不同,地质图主要是描述地质体和地质现象,有时以地形图为背景。

地质图可以为人们提供图幅所在地区的地层出露、岩石类型、地质构造、地壳活动、成矿规律及地质发展历史等信息。它是国家资源和地质工作最重要的综合性图件之一。

2. 地质图要素

一幅正规的地质图，除图幅本身之外，还包括图名、编号、接图表、比例尺、图例、综合地层柱状图、地质剖面图和责任表（包括编图单位、编图人员、编图日期）等。

（1）图名：一般放在图框上方正中位置，表明图幅所在地区及地质图的类型，采用区内主要城镇、居民点、山岭或河流等命名。如果比例尺较大、图幅面积小，地名前一般要写上所属用的省（区）市或县名。图框外注明编号和接图表，可以方便地用于查找相邻地区的图件。

（2）比例尺：用以表明图幅反映实际地质情况的详细程度。地质图的比例尺与地形图或地图的比例尺一样，有数字比例尺和直线比例尺等形式。一般数字比例尺放在图名与图框之间，而直线比例尺放在图框下方正中位置。

（3）图例：用各种规定的颜色、花纹和符号来表示地层时代及其产状、岩性等。通常放在图框的右侧或下方，也可放在图框内足够安排图例的空白处。图例一般按地层（从新到老）、岩石（沉积岩、岩浆岩、变质岩）和构造的顺序排列。图例放在图框右侧时，自上而下排列。若放在图框下方，则从左至右排列。图例都画成大小适当的长方形格子，左边注明地层时代，右边注明主要岩性，方格内有对应的颜色、符号。地形图的图例一般不标注在地质图上。

（4）综合地层柱状图：一般放在图框外左侧。它的比例尺根据反映地层详细程度的要求和地层总厚度而定。图名写于柱状图的上方，一般标为“××地区综合地层柱状图”。综合地层柱状图是按工作区所有出露地层的新老叠置关系绘制的，包括地层单位或层位的厚度，时代及地层系统和接触关系等信息。

（5）地质剖面图：一般放在图框外正下方。它是切过工作区主要构造的剖面图。剖面在地质图的图幅内用一直线表示，两端标出剖面代号，如“I”和“I′”、“A”和“A′”等。剖面图的两端也标注相同的剖面代号。图名以剖面代号表示，如“ I-I′剖面图”或“A′A′剖面图”。剖面图的水平比例尺一般与地质图的比例尺一致，不再注明。其垂直比例尺标注在剖面图两端的竖直线上，并在竖直线上注明高程。剖面图两端的同一高度上注明剖面方向（用方位角表示剖面所经过的山岭、河流、城镇等地名标注在剖面上方的相应位置）。剖面图与地质图所用的地层符号、色谱一致。如果剖面图与地质图在同一幅图上，剖面图的地层图例可以省略。

（二）地质图的阅读方法和步骤

地质图所包含的地质信息非常丰富，不同类型地质图所反映的内容有差异，但读图方法和步骤基本相同。内容方面可先从地形入手，然后再依次阅读地质、岩性、构造等，阅读时按“一般—局部—整体”三个步骤：首先了解图幅内的一般概况；然后分析局部地段的地质特征，逐渐向外扩展；最后建立图幅内宏观地质规律的整体概念。

1. 阅读地质图基本信息

通过图名、图幅、编号和经纬度了解图幅的地理位置、面积以及地质图类型，通过比例尺了解地质图的精度。通过读图例熟悉图幅所用的各种地质符号，了解工作区出露的地质及其时代、顺序及其岩石类型等。通过地质剖面图大致了解该区的地质构造特征。通过图幅编绘出版年月和资料说明，了解图的新旧程度和来源及工作区研究史。

2. 了解地形特征

地形可以提供工作区的地理概况。地形是地质构造、岩性等特征在地表的反映，也是内外动力地质作用相互制约的结果。因此，地形特征可以帮助了解地质情况，大比例尺地质图上一般都有等高线，可以结合等高线的高程、水系分布来了解地形特点，如山脉走向、分水龄位置、海拔最高点和最低点、相对高差等。在一些没有等高线的中小比例尺地质图上，一般只能根据水系的分布来分析地形特点，如水系干流总是流经地势较低的地方，支流则分布在地势较高的地方；顺流而下地势越来越低，逆流而上地势越来越高；位于两条河流中间的分水岭总是比河谷地区要高。

3. 阅读地质内容

一般先了解地层分布规律，如时代、层序、岩性和产状等；然后判断有哪些地质构造类型。如果有褶皱，则分析褶皱的形态特征、空间分布、组合和形成时代；如果存在断裂构造，则具体分析断裂构造的类型、规模、空间组合、分布和形成时代。此外，还要了解岩浆岩及岩浆活动特征、变质岩区所表现的构造特征；最后分析地质体之间的相互关系。

（1）判断岩层产状。

岩层的空间位置及其排列状况可以用产状描述。产状包括走向、倾向和倾角这三种要素。产状三要素在地质图上常常用类似“<30°”这样的符号来表示。其中，长线表示走向，短线表示倾向，数字表示倾角。地壳中的岩层根据其产状一般分为三类：水平岩层、倾斜岩层、直立岩层。

水平岩层与水平面平行（倾角等于零），其地质界线与地形等高线平行或重合。岩层如果未发生倒转，从下往上岩层的形成时代越来越新。岩层露头宽度取决于岩层厚度和地面坡度。当地面坡度一致时，岩层厚度大的，露头宽度也宽；当厚度相同时，坡度陡处，露头宽度窄。在陡崖处，水平岩层顶、底界线投影重合成一线，造成岩层“尖灭”的假象。

倾斜岩层与水平面斜交，因此地质界线与等高线相交，在山坡和山谷处弯曲成

"V"字形，"V"字形尖端的指向遵循"V"字形法则：①当岩层倾向与地面坡向相反时，"V"字形尖端在山谷处指向上游，在山脊处指向下游；②当岩层倾向与地面坡向一致，而且岩层倾角大于地面坡度时，"V"字形尖端在山谷处指向下游，而在山脊处指向上游；若岩层倾角小于地面坡度，"V"字形尖端在山谷处指向上游，在山脊处指向下游。

直立岩层与水平面垂直（倾角等于90°），地质界线在地质图上的表现不受地形影响，都呈直线延伸。

（2）判断地层接触关系。

地层接触关系有整合接触和不整合接触两种类型。不整合接触有平行不整合接触与角度不整合接触之分。在地质图中，整合接触表现为岩层时代延续，产状一致，岩层界线相互平行。平行不整合接触表现为上下两套岩层产状一致，地层界线平行排列，岩层时代不延续（有地层缺失）；角度不整合接触表现为上下两套岩层产状不同，地层时代不延续，一般来说，较老的一套岩层界线被不整合线切割，而新的一套岩层界线与不整合线大致平行。

（3）判断褶皱构造。

层状岩石的一系列波状弯曲称为褶皱构造。褶皱的基本单位是褶曲，即岩层的一个弯曲。褶曲的基本形态是背斜和向斜。褶曲存在的根本标志是在垂直岩层走向的方向上，同年代的岩层呈对称式重复出现。背斜和向斜的区分在于核部与翼部地层的新老关系不同：核部地层较两翼地层老，为背斜；反之，核部地层较两翼地层新，为向斜。褶曲的基本要素包括核、翼、轴面、枢纽等。核是褶曲的中心部分岩层；翼是褶曲核部两侧的岩层；轴面是褶曲两翼的近似对称面（将褶曲平分为两半的一个假想面）；枢纽是指褶曲岩层中同一层面最大弯曲点的连线，也是褶皱中同一层面与轴面的相交线。

在地质图上识别褶皱构造：先根据岩层产状、地质界线以及岩性，了解工作区内地层的分布情况；垂直地质界线，找出对称重复分布的地层；再根据新、老地层的相对位置，确定褶曲的形态和数目，以及褶曲核部和翼部的所在位置；由褶皱两翼地层倾角大小、出露宽度，判断褶皱轴面位置和轴向，推测其剖面形态；根据两翼地层平面分布形态，判断褶皱轴面的产状；根据褶曲枢纽的位置，进一步确定褶皱的平面组合方式；观察褶皱与其他地质体的关系。如果褶皱构造的地层被岩体、断层切断或被不整合面覆盖，应沿地层走向追踪，推断被切断或被覆盖地层的归属，恢复褶皱的原来面貌。

（4）判读断层构造。

岩石受力发生变形，其连续完整性遭到破坏，发生断裂，形成断裂构造。如果两侧岩体具有显著位移，则这种断裂称作断层。断层有很多要素，如断层的滑动面叫断层面；破裂面或错动带称为断裂带；断层面与地面的交线叫断层线；沿断层面两侧发生位移的岩块叫断盘，如果断层面是倾斜的，在断层面以上的一盘叫上盘，以下的一盘叫下盘。如果断层面直立，则按层面两侧断盘的相对位置，称为东盘、西盘或南盘、北盘等。断盘根据其运动方向划分为上升盘和下降盘。断层根据两盘相对滑动的方向可分为正断层、逆断层和平移断层三种基本形式。上盘相对下盘向下滑动的断层叫正断层；上盘沿断层面向上滑动的断层叫逆断层；断层两盘沿断层走向相对运动的断层叫平移断层。

露头良好的断层易于识别，但大多数断层因其两侧岩石破碎并受到风化，常成为松散物质覆盖的地带，断层特征不易察觉，此时需从构造、地层和地貌方面进行多方面考察分析。断层存在的构造标志有擦痕和镜面、断层构造岩、拖曳褶曲。地层标志包括地层的缺失与重复、构造不连续。地貌标志包括断层崖、三角面、错断的山脊、串珠状湖泊洼地、泉水的带状分布及河流急剧转向等。

在地质图上，一般用红色实线表示实测断层（虚线表示推测断层）的位置与长度；大中比例尺地质图还用特定的符号表示断层类型及其产状。当地质图未标明断层时，断层的识别方法是：如果断层线与褶皱轴线（或地层界线）近于垂直、平行或斜交，则断层分别属于倾向断层、走向断层或斜向断层。断层线的形态及其与地形等高线的关系可用于判断断层的陡、缓及其倾斜方向。通常，走向断层老地层出露的一盘为上升盘；但当断层面倾向与地层倾向一致，且断层倾角小于地层倾角或地层倒转时，新地层出露的一盘才是上升盘。当倾向断层切断褶皱，且断层两盘的褶皱核部出露同时代的地层时，背斜核部变宽（或向斜核部变窄）的一盘为上升盘；如果断层两盘的褶皱核部出露不同时代的地层，则无论是背斜或向斜，其核部是老地层的一盘为上升盘。如果地质界线被倾向断层或斜向断层切断并发生位移，且断层面两侧地层出露宽度一致，则这种断层为平移断层。

4. 综合分析

在了解全区范围内地层的发育、空间分布、岩性、接触关系、褶皱构造、断裂构造及岩体等的特征、形成时代及其相互关系等的基础上，综合分析工作区的构造、运动性质及其在空间和时间上的发展规律、地质发展简史、各种矿产的生成与分布及地貌发育等，从而对该区的总体地质概况有较全面的认识。

三、地质罗盘仪的野外应用

（一）基本理论

地质罗盘仪是开展野外地质工作必不可少的一种工具，被称为传统地质工作

“三件宝”（罗盘、铁锤、放大镜）之一。利用它可以进行一般的地质测量，如测量目标物的方位和位置观察面（如岩层面、褶皱轴面、断层面、节理面等）的产状、地形坡度等。地质罗盘仪式样较多，但其原理和结构类似。

1. 地质罗盘仪的原理

地质罗盘仪利用磁针（能够指明磁子午线方向），配合刻度盘读数，确定目标相对于磁子午线的方向。根据两个已知测点，可测出另一个未知目标的位置。

2. 地质罗盘仪的结构

地质罗盘仪一般由磁针、刻度盘、水准器和瞄准器等几部分组成。

（1）磁针：磁针是罗盘（文中提到的罗盘都指地质罗盘仪）定向的最主要部件，安装在底盘中央的顶针上，不用时应旋紧制动螺丝，将磁针抬起压在玻璃盖上，避免磁针帽与顶针尖的碰撞，以保护顶针尖，延长罗盘使用的时间。在进行测量时放松磁针固定螺旋，使磁针自由摆动，静止时磁针的指向就是磁子午线方向。由于我国位于北半球，磁针两端所受磁力不等，使磁针失去平衡。为了使磁针保持平衡，常在磁针南端绕上几圈铜丝，这样也便于区分磁针的南、北端。

（2）水平刻度盘：水平刻度盘的刻度方式是从 0°开始按逆时针方向每 10°一记，连续刻至 360°。0° 和 180° 分别为 N（北）和 S（南），90° 和 270° 分别为 E（东）和 W（西），用这种方法标记的罗盘称为方位角罗盘仪，用它可以直接测量地面两点间直线的磁方位角。在罗盘中，东、西的标记对调（与实际相反）是为了便于测量时能直接读得所求数。

（3）垂直刻度盘：专门用来读倾角和坡角，E（东）或 W（西）为 0°，S（南）和 N（北）为 90°，每隔 10°标记相应数字。

（4）垂直刻度指示器：是测斜器的重要组成部分，悬挂在磁针的轴下方，通过底盘处的扳手进行转动，尖端所指刻度即为倾角或坡角的读数。

（5）水准器：包括圆水准器和长水准器。圆水准器固定在底盘上，使用时气泡居中，说明罗盘放置水平了。长水准器固定在测斜器上，其中的气泡是观察测斜器是否水平的依据。

（6）瞄准器：包括瞄准觇板、反光镜（中间有平分线，下部有小孔），作瞄准被测物用。

（二）地质罗盘仪的使用方法

1. 磁偏角的校正

地磁的南、北两极与地理的南、北两极位置不完全相同，使磁子午线（磁北方向）与地理子午线（真北方向）不重合，即地球上任一点的磁北方向与该点的真北方向不一致（这两个方向间的夹角叫磁偏角），所以，罗盘仪在使用之前必须进行磁偏角的校正，校正之后测得的数值才能代表真正的方位角。地球上某点磁针北端在真北方向以西为西偏（-），以东则为东偏（+）。校正时旋动罗盘的刻度螺旋，使水平刻度盘向左（西偏）或向右（东偏）转动，使罗盘底盘南北刻度线与水平刻度盘 0°～180°线之间的夹角等于磁偏角。校正后测量的读数就为真方位角。例如，某地区磁偏分为西偏 2°54′，只要旋动刻度螺旋，使水平刻度盘 0°～180°线向左转动 2°54′即可。

2. 测岩层产状

岩层的产状是指岩层的空间位置及其排列状况，用走向、倾向和倾角这三个产状来描述。岩层走向是岩层在地面上延伸的方向，即岩层面与水平面交线的方向。岩层倾向是指岩层向下最大倾斜方向线在水平面上的投影，与岩层走向垂直。岩层倾角是岩层面与假想水平层面之间的最大夹角，它是沿着岩层的真倾斜方向测量得到的，也就是说，岩层面上的真倾斜线与水平面的夹角为真倾角。实际上，任何构造面，如节理面、断层面等都可以通过测量产状来描述其空间排列状况。不同构造面的产状测量方法类似，现以岩层产状测量为例，介绍产状三要素的测量方法。

1）测走向

将罗盘的盖子打开到极限位置，罗盘的长边与岩层面紧贴，转动罗盘使底盘圆水准器气泡居中，指针所指的刻度读数即为岩层走向。走向是代表走向线的方向，可以向两边延伸，因此指南针或指北针所指的刻度读数，如 NE30°与 SW210°均可代表该岩层的走向。

2）测倾向

将罗盘北端或瞄准觇板指向岩层面的倾斜方向，使底盘的短边紧靠岩层面，转动罗盘使底盘圆水准器气泡居中，指北针所指的刻度读数即为岩层的倾向。如果在岩层顶面上测量有困难，可以在岩层底面上测量，仍用瞄准觇板指向岩层倾斜方向，罗盘北端紧靠底面，读指北针所指刻度读数即可；若测量底面读指北针受阻，则用罗盘南端靠着岩层底面读指南针。

3）测倾角

野外分辨岩层面的真倾斜方向，可通过岩层走向（真倾斜方向与走向垂直）判断，也可用小石子或滴水使之在岩层面上滚动（流动），滚动（流动）的方向即为岩层面的真倾斜方向。测量倾角时，将罗盘的盖子打开到极限位置，侧边垂直于走向且贴紧岩层面，并用中指拨动罗盘底部的活动扳手，使长水准器的气泡居中，读出垂直刻度指示器所指的刻度读数，即为岩层倾角。岩层倾角介于 0°～90°之间。

如果测量出某一岩层走向为 240°，倾向为 150°，倾角为 30°，一般记录为 150°∠30°。野外测量岩层产状需要在岩层露头测，不能在滚石上测量，因此要区分露头和滚石。露头是岩层在地表的出露，不能移动；而滚石是由于各种原因被搬运到此地，有时可移动。区别露头和滚石，主要是靠多观察和追索并加以判断。测量岩层层面产状时，如果岩层凹凸不平，可把记录本平放在岩层面上，当作层面以便测量。

3. 地形草测

1）定方位

定方位是指确定目标所处的方位和位置，也叫交会定点。当目标在视线（水平线）上方时，右手握紧罗盘底盘，上盖背面向着观测者，手臂贴紧身体，以减少抖动，左手调整瞄准觇板和反光镜，转动身体，使目标、瞄准觇板的像同时映入反光镜，并为镜线所平分，保持圆水准气泡居中，此时磁针北极所指的刻度读数就是目标所处的方位。按照同样的方法，在另一测点对该目标进行测量，这样从两个测点对同一目标测量得到两线，相交点即为目标的位置。当目标在视线（水平线）下方时，右手紧握罗盘底盘，反光镜在观察者的对面，手臂同样贴紧身体。左手调整瞄准觇板和上盖，转动身体，使目标、瞄准尖同时映入反光镜的椭圆孔中，并为镜线所平分，保持圆水准气泡居中，则磁针北极所指示的刻度读数，即为该目标所处的方位。按照同样的方法，在另一测点对该目标进行测量，这样从两个测点对同一目标测量得到两线，相交点即为目标的位置。

2）定水平线

把长瞄准觇板扳至与底盘呈一平面，上盖板至90°，而瞄准尖竖直，平行上盖，将指示器对准“0”，通过瞄准尖上的视孔和反光镜椭圆孔的视线，即为水平线。

3）测坡度角

地形坡度角是指地形斜坡面与假想水平面的夹角。坡度角有两种：一种是向上测的仰角，记录时在度数前用“+”说明，如“+15°”，另一种是向下测的俯角，记录时在度数前加“-”号，如“-25°”。仰角和俯角的测量方法相同，先将罗盘长边平行于斜坡面并侧立起来，然后拨动罗盘背后的扳钮，使长水准器气泡居中，垂直刻度指示器所指的度数即为地形坡度角。由于地面在一段很短的距离内往往起伏不平，所以在测量地形坡度角时，往往是两个人，一个人站在高处，另一个人站在低处，用罗盘互相瞄准等高位置进行测量，这样可以互相校正，以便测得更准确。方法是：用左手握住罗盘，先把罗盘上长的瞄准觇板打开平放，觇板瞄准尖立起，然后把罗盘侧立起来，将小镜折回与罗盘面呈一个角度，使反光镜对着自己，用觇板瞄准尖的小孔及反光镇透视孔中的平分线瞄准被测目标，使它们连成一线，再用右手调整长水准器气泡居中，这时，通过反光镜读得的垂直刻度指示器所指的刻度读数，即为所测斜坡的坡度角。

4. 测物体的垂直角

把上盖板打开到极限位置，用地质罗盘仪侧面贴紧物体具有代表性的平面，然后调整垂直水准气泡居中，此时指示器的读数，即为该物体的垂直角。

5. 利用地质罗盘仪进行地形图实地定向

1）依磁子午线定向

通常在地形图的北图廓和南图廓上分别给有一个小圆圈，各注有磁北（或注P）和磁南（注P′）标记，连接磁北与磁南两点即得磁子午线。定向时首先把罗盘刻度盘上“N（北）”和“S（南）”字各指向北图廓和南图廓，亦即令罗盘仪“北”“南”两字的连线与地形上磁子午线重合，接着转动地图连同放置于图上的罗盘仪直至磁北针与刻度盘“北”字（或0）重合时为止，地图定向即可完成。

2）依真子午线定向

将罗盘刻度盘上“北”字指向北图廓，并让由刻度盘“北”“南”二字注记连接所成的线与东图廓或西图廓线重合，再依照南图廓外所绘“三北”（真北、磁北和坐标北）方向图廓中标注的磁偏角值，转动地图连同放置于图上的罗盘，以使指北针指向相应的磁偏角数值，此时，地形图的方向就与实地相一致了。在国家基本地形图上，均标绘有真子午线、磁子午线与坐标纵线，即“三北”方向线以及表达此三者关系的图形可使我们在地图定向时选用。

3）依坐标纵线定向

将罗盘上“北”字指向北图廓，并使刻度盘上由“北”“南”注记连成的南北线与坐标区线一致（坐标纵线指地形图上方里网即直角坐标网的纵方向线，在同一投影带内所有坐标区线都与中央子午线平行）。再转动地形图连同其上的罗盘（依方向改正角的数值，坐标纵线北端偏于真子午线以东者为东偏，以西者为西偏），让磁针北端指向相应的角值，即完成地形图定向。

6. 注意事项

（1）避免罗盘仪与铁制品接触，使磁针失去磁性；不能受潮，以防磁针或顶针生锈不能灵活转动；用完后要锁定磁针固定器，以防磁针自由转动磨损顶针。

（2）在测量方位、走向、倾向、倾角和倾伏向时，一定要保持罗盘水平（圆水准器气泡居中），这样磁针才能左右转动。

（3）在测量坡度角、倾角时，务必要保持罗盘直立，长水准器气泡居中，这样测量的角度才比较准确。

（4）当面状要素凹凸不平或线状要素曲折不直时，要设法取其整体真正的方位，而不受局部所干扰。

四、化学实验室常用试剂规格

分析化学实验中所用试剂的质量，直接影响分析结果的准确性，因此应根据所做实验的具体情况，如分析方法的灵敏度与选择性，分析对象的含量及对分析结果准确度的要求合理选择相应级别的试剂，在既能保证实验正常进行的同时，又可避免浪费。另外，试剂应合理保存，避免沾污和变质。

（一）化学试剂的分类

化学试剂产品已有数千种，而且随着科学技术和生产的发展，新的试剂种类还将不断产生，现在还没有统一的分类标准，本书只简要地介绍标准试剂、一般试剂、高纯试剂和专用试剂。

1. 标准试剂

标准试剂是用于衡量其他（欲测）物质化学量的标准物质，习惯称之为基准试剂，其特点是主体含量高，使用可靠。我国规定第一基准和滴定分析工作基准的主体含量分别为（100±0.02)%和（100±0.05)%。主要国产标准试剂的种类与用途见表3.3。

表3.3　**主要国产标准试剂的种类与用途**

类别	主要用途
滴定分析第一基准试剂	工作基准试剂的定值
滴定分析工作基准试剂	滴定分析标准溶液的定值
滴定分析标准溶液	滴定分析法测定物质的含量
杂质分析标准溶液	仪器及化学分析中作为微量杂质分析的标准
一级pH基准试剂	pH基准试剂的定值和高精密度pH计的校准
pH基准试剂	pH计的校准（定位）
热值分析试剂	热值分析仪的标定
气相色谱分析标准试剂	气相色谱法进行定性和定量分析的标准
临床分析标准溶液	临床化验
农药分析标准试剂	农药分析
有机元素分析标准试剂	有机物元素分析

2. 一般试剂

一般试剂是实验室最普遍使用的试剂，其规格是以其中所含杂质的多少来划分的，包括通用的一、二、三、四级试剂和生化试剂等。一般化学试剂的分级、标志、标签颜色和主要用途列于表3.4中。

表 3.4 **一般化学试剂的规格及选用**

级别	中文名称	英文符号	适用范围	标签颜色
一级	优级纯（保证试剂）	GR	精密分析实验	绿色
二级	分析纯（分析试剂）	AR	一般分析实验	红色
三级	化学纯	CP	一般化学实验	蓝色
四级	实验试剂	LR	一般化学实验辅助试剂	棕色或其他颜色
生化试剂	生化试剂、生物染色剂	BR	生物化学及医用化学实验	咖啡色、玫瑰色

3. 高纯试剂

高纯试剂最大的特点是其杂质含量比优级或基准试剂都低，用于微量或痕量分析中试样的分析、试样的分解及试液的制备，可最大限度地减少空白值带来的干扰，提高测定结果的可靠性。同时，高纯试剂的技术指标中，其主体成分与优级或基准试剂相当，但标明杂质含量的项目则多 1~2 倍。

4. 专用试剂

专用试剂，顾名思义是指专门用途的试剂。例如，在色谱分析法中用的色谱纯试剂、色谱分析专用载体、填料、固定液和薄层分析试剂，光学分析法中使用的光谱纯试剂和其他分析法中的专用试剂。专用试剂除了符合高纯试剂的要求外，更重要的是在特定的用途中，其干扰的杂质成分低于明显干扰的限度。

（二）使用试剂的注意事项

（1）打开瓶盖（塞）取出试剂后，应立即将瓶盖盖（塞）好，以免试剂吸潮、沾污和变质。

（2）瓶盖（塞）不得随意放置，以免被其他物质沾污，影响原试剂的质量。

（3）试剂应直接从原试剂瓶中取用，多取的试剂不允许倒回原试剂瓶。

（4）固体试剂应用洁净干燥的小勺取用。取用强碱性试剂后的小勺应立即洗净，以免被腐蚀。

（5）用吸管取用液态试剂时，决不允许用同一吸管同时吸取两种试剂。

（6）盛装试剂的瓶上，应贴有标明试剂名称、规格及出厂日期的标签，没有标签且字迹难以辨认的试剂，在未确定其成分前，不能随便使用。

（三）试剂的保存

试剂放置不当可能引起质量和组分的变化，因此，正确保存试剂非常重要。一般化学试剂应保存在通风良好、干净的房子里，避免水分、灰尘及其他物质的沾污，并根据试剂的性质采取相应的保存方法和措施。

（1）容易腐蚀玻璃影响试剂纯度的试剂，应保存在塑料或涂有石蜡的玻璃瓶中。如氢氟酸、氟化物（氟化钠、氟化钾、氟化铵）、苛性碱（氢氧化钾、氢氧化钠）等。

（2）见光易分解、遇空气易被氧化和易挥发的试剂应保存在棕色瓶里，放置在冷暗处，如过氧化氢（双氧水）、硝酸银、焦性没食子酸、高锰酸钾、草酸、铋酸钠等属见光易分解物质；氯化亚锡、硫酸亚铁、亚硫酸钠等属易被空气逐渐氧化的物质；溴、氨水及大多有机溶剂属易挥发的物质。

（3）吸水性强的试剂应严格密封保存。如无水碳酸钠、苛性钠、过氧化物等。

（4）易相互作用、易燃、易爆炸的试剂，应分开储存在阴凉通风的地方。如酸与氨水、氧化剂与还原剂属易相互作用物质；有机溶剂属易燃试剂；氯酸、过氧化氢、硝基化合物属易爆炸试剂等。

（5）剧毒试剂应专门保管，严格规定取用手续，以免发生中毒事故。如氰化物（银氰化钠）、氢氟酸、氯化汞、三氧化二砷（砒霜）等属剧毒试剂。

附录二 中国主要土类及广西主要土种

一、中国主要土类及其特性

中国土壤分类系统采用六级分类制，即土纲、土类、亚类、土属、土种和变种。前三级为高级分类单元，以土类为主；后三级为基层分类单元，以土种为主。目前，我国土壤分类系统确立了12个土纲、29个亚纲、61个土类和231个亚类的高级分类单元；基层分类单元为土属、土种和变种，而以土种为基本单元。

土类是指在一定的生物气候条件、水文条件或耕作制度下形成的土壤类型，具有一定的成土过程和土壤属性。例如江南的红壤，是在中亚热带常绿阔叶林下形成的土壤，地下水位低（不参与成土过程），风化程度比较强烈，含赤铁矿多，故土壤染成红色，呈强酸性反应。暖温带落叶阔叶林下形成的棕壤及温带草原植被下形成的栗钙土，都属于土类。

中国主要的土壤类型有15种，分别为砖红壤、赤红壤、红壤和黄壤、黄棕壤、棕壤、暗棕壤、寒棕壤（漂灰土）、褐土、黑钙土、栗钙土、棕钙土、黑垆土、荒漠土、草甸土、漠土。

（一）砖红壤

砖红壤分布在海南岛、雷州半岛、西双版纳和台湾岛南部，大致位于北纬22°以南地区。热带季风气候，年平均气温23～26℃，年平均降水量1600～2000mm。植被为热带季雨林。风化淋溶作用强烈，易溶性无机养分大量流失，铁、铝残留在土中，颜色发红。土层深厚，质地黏重，肥力差，呈酸性至强酸性。原生植被为热带雨林或季雨林，树种繁多，林内攀缘植物和附生植物发达，而且有板状根和老茎开花现象。砖红壤一般分布在低山、丘陵和阶地上。母质为各种火成岩、沉积岩的风化物和老的沉积物。因经长期高温高湿的风化，有的已形成厚达几米甚至几十米的红色风化壳。在湿热气候作用下，土壤中铝的富集作用高度发展。这种铝的富集作用，在土壤学上称为富铝化作用。

（二）赤红壤

赤红壤广泛分布在滇南的大部，广西、广东的南部，福建的东南部，以及台湾地区的中南部，大致在北纬22°至25°之间。为砖红壤与红壤之间的过渡类型。南亚热带季风气候区。气温较砖红壤地区略低，年平均气温21～22℃，年降水量在1200～2000mm，植被为常绿阔叶林。风化淋溶作用略弱于砖红壤，颜色红。土层较厚，质地较黏重，肥力较差，呈酸性。天然植被为南亚热带季雨林，沟谷内常有部分热带植物，且向南逐渐增多。林内也有攀缘植物及附生植物。目前，赤红壤上的天然林大部分已被破坏，成为疏林草地。赤红壤富铝化作用弱于砖红壤。

（三）红壤和黄壤

红壤和黄壤广泛分布于长江以南的大部分地区以及四川盆地周围的山地。中亚热带季风气候区。气候温暖，雨量充沛，年平均气温16～26℃，年降水量1500mm左右。植被为亚热带常绿阔叶林。黄壤形成的热量条件比红壤略差，而水湿条件较好。有机质来源丰富，但分解快，流失多，故土壤中腐殖质少，土性较黏，因淋溶作用较强，故钾、钠、钙、镁积存少，而含铁、铝多，土呈均匀的红色。因黄壤中的氧化铁水化，土层呈黄色。红壤原生植被为亚热带常绿阔叶林，其中以壳斗科的栲属、石栎属和冈栎属占优势。红壤的地形条件一般为低山丘陵，但在云南为高原，成土母质在低丘陵多为第四纪红色黏土，高丘陵和低山多为千枚岩、花岗岩、砂页岩等。红壤的富铝化作用与生物积累作用，与赤红壤和砖红壤比较起来相对较弱，但仍以均匀的红色为其主要特征。黄壤植被主要为亚热带常绿阔叶林、常绿落叶阔叶混交林，以及热带山地湿性常绿阔叶林。成土母质以花岗岩、千枚岩、砂岩、页岩风化物为多，在气候特别湿润的地区，第四纪红色黏土和紫红色砂岩风化物也可形成黄壤，前者见于四川、贵州等省，后者见于广西十万大山南坡等地。黄壤除具有热带、亚热带土壤所共有的富铝化作用和生物积累作用外，还有黄化作用，由于成土环境条件相对湿度大，上层经常保持潮湿，它与红壤相比，具有较多的烧失水。

（四）黄棕壤

黄棕壤北起秦岭、淮河，南到大巴山和长江，西自青藏高原东南边缘，东至长江下游地带，是黄红壤与棕壤之间的过渡型土类。分布于亚热带季风区北缘。夏季高温，冬季较冷，年平均气温15～18℃，年降水量750～1000mm。植被为落叶阔叶林，但杂生有常绿阔叶树种。成土母质多为花岗岩、片麻岩、千枚岩和砂页岩风化物。黄棕壤的形成过程，既具有黄壤与红壤富铝化作用的特点，又具有棕壤黏化作用的特点。呈弱酸性反应，自然肥力比较高。

（五）棕壤

棕壤多分布在山东半岛和辽东半岛。暖温带半湿润气候，夏季暖热多雨，冬季寒冷干旱，年平均气温5～14℃，年降水量500～1000mm。植被为暖温带落叶阔叶林和针阔叶混交林。土壤中的黏化作用强烈，还产生较明显的淋溶作用，使钾、钠、钙、镁都淋失，黏粒向下淀积。棕壤所处地形主要为低山丘陵，成土母质多为花岗岩、片麻岩及砂页岩的残积坡积物，或厚层洪积物，土层较厚，质地比较黏重，表层有机质含量较高，呈微酸性反应。

（六）暗棕壤

暗棕壤广泛存在于东北地区大兴安岭东坡、小兴安岭、张广才岭和长白山等地。中温带湿润气候。年平均气温-1～5℃，冬季寒冷而漫长，年降水量600～1100mm，是温带针阔叶混交林下形成的土壤。暗棕壤所处地形，多为中山、低山和丘陵，成土母质主要为花岗岩、片麻岩以及玄武岩的残积和坡积物，部分地区为洪积物和冲积物。土壤呈酸性反应，它与棕壤比较，表层有较丰富的有机质，腐殖质的积累量多，是比较肥沃的森林土壤。

（七）寒棕壤

寒棕壤广泛分布在大兴安岭北段山地上部，北面宽南面窄。寒温带湿润气候。年平均气温-5℃，年降水量450～550mm。植被为亚寒带针叶林。土壤经漂灰作用（氧化铁被还原随水流失的漂洗作用和铁、铝氧化物与腐殖酸形成螯合物向下淋溶并淀积的灰化作用）。土壤酸性大，土层薄，有机质分解慢，有效养分少。

（八）褐土

褐土分布在山西、河北、辽宁三省连接的丘陵低山地区，陕西关中平原。暖温带半湿润、半干旱季风气候。年平均气温11～14℃，年降水量500～700mm，降水一半以上都集中在夏季，冬季干旱。植被以中生和旱生森林灌木为主。淋溶程度不是很强烈，有少量碳酸钙淀积。土壤呈中性、微碱性反应，矿物质、有机质积累较多，腐殖质层较厚，肥力较高。

（九）黑钙土

黑钙土分布在大兴安岭中南段山地的东西两侧，东北松嫩平原的中部和松花江、辽河的分水岭地区。温带半湿润大陆性气候。年平均气温-3～3℃，年降水量350～500mm。植被为产草量最高的温带草原和草甸草原。腐殖质含量最为丰富，腐殖质层厚度大，土壤颜色以黑色为主，呈中性至微碱性反应，钙、镁、钾、钠等无机养分也较多，土壤肥力高。

（十）栗钙土

栗钙土分布在内蒙古高原东部和中部的广大草原地区，是钙层土中分布最广、面积最大的土类。温带半干旱大陆性气候。年平均气温-2～6℃，年降水量250～350mm。草场为典型的干草原，生长不如黑钙土区茂密。腐殖质积累程度比黑钙土弱些，但也相当丰富，厚度也较大，土壤颜色为栗色。土层呈弱碱性反应，局部地区有碱化现象。土壤质地以细沙和粉沙为主，区内沙化现象比较严重。

（十一）棕钙土

棕钙土分布于内蒙古高原的中西部，鄂尔多斯高原，新疆准噶尔盆地的北部，塔里木盆地的外缘，是钙层土中最干旱并向荒漠地带过渡的一种土壤。气候比栗钙土地区更干，大陆性更强。年平均气温2～7℃，年降水量150～250mm，没有灌溉就不能种植庄稼。植被为荒漠草原和草原化荒漠。腐殖质的积累和腐殖质层厚度是钙层土中最少的，土壤颜色以棕色为主，土壤呈碱性反应，地面普遍多砾石和沙，并逐渐向荒漠土过渡。

（十二）黑垆土

黑垆土分布于陕西北部、宁夏南部、甘肃东部等黄土高原上土壤侵蚀较轻、地形较平坦的黄土源区。暖温带半干旱、半湿润气候。年平均气温8～10℃，年降水量300～500mm，与黑钙土地区差不多，但由于气温较高，相对湿度较小。由黄土母质形成。植被与栗钙土地区相似，主要由针茅、白羊草、胡枝子、百里香、苦豆子、酸枣、黄刺玫、丁香等组成的干草原绝大部分已被开垦为农田。腐殖质的积累和有机质含量不高，腐殖质层的颜色上下差别比较大，上半段为黄棕灰色，下半段为灰带褐色。

（十三）荒漠土

荒漠土分布于内蒙古、甘肃的西部，新疆的大部，青海的柴达木盆地等地区，面积很大，差不多要占全国总面积的1/5。温带大陆性干旱气候。年降水量大部分地区不到100mm。植被稀少，以非常耐旱的肉汁半灌木为主。土壤基本上没有明显的腐殖质层，土质疏松，缺少水分，土壤剖面几乎全是砂砾，碳酸钙表聚、石膏和盐分聚积多，土壤发育程度差。

（十四）草甸土

草甸土分布于青藏高原东部和东南部，在阿尔泰山、准噶尔盆地以西山地和天山山脉。气候温凉而较湿润，年平均气温-2～1℃，年降水量400mm左右。高山草甸植被。剖面由草皮层、腐殖质层、过渡层和母质层组成。土层薄，土壤冻结期长，通气不良，土壤呈中性反应。

（十五）漠土

漠土分布于藏北高原的西北部，昆仑山脉和帕米尔高原。气候干燥而寒冷，年平均气温-10℃左右，冬季最低气温可达-40℃，年降水量低于100mm。植被的覆盖度不足10%。土层薄，石砾多，细土少，有机质含量很低，土壤发育程度差，土壤呈碱性反应。

二、广西主要土类及其特性

土壤是指地球陆地上能够生长植物的疏松表层，是土地不可分割的组成要素。土壤是在各种成土因素作用下形成和发展的，是历史自然体。耕作土壤又深受人为作用的影响，由于自然条件和人为作用的复杂性，决定了土壤类型的多样性及其相应的分布规律。

根据全国第二次土壤普查分类系统的规定，结合广西第二次土壤普查的实际情况和普查结果，广西土壤分为18个土类，34个亚类，109个土属，327个土种。

（一）砖红壤

砖红壤是在北热带生物气候条件下，以脱硅富铝化为主要成土过程。它是广西南部的主要土壤类型之一，分布在北海市和合浦、钦州、防城的南部，总面积24.98万公顷，其中耕作旱地2.44万公顷，占本土类的9.76%。砖红壤的成土母质主要为花岗岩、砂页岩风化物、第四纪红土及浅海沉积物；原生矿物分解彻底，脱硅富铝化程度高；土体深厚，呈赤红色，保肥性能差，一般肥力不高；土壤pH值为4.5~5.5，酸性强，适宜发展热带作物。

（二）赤红壤

赤红壤是广西南亚热带地区的代表性土壤，大致分布在海拔350m以下的平原、低丘、台地，全区有赤红壤485.11万公顷，其中旱地26.72万公顷，占全区旱地面积的29.30%，占该类土壤面积的5.51%。其地多为林、荒草地，土地开发利用潜力大。成土母质有花岗岩、砂页岩风化物及第四纪红土，土层多在1m以上，土体呈红色，酸度高，pH值为4.0~5.5，盐基饱和度多在40%以下，有机质及全氮含量中等偏低，磷、钾养分含量不丰富。适宜南亚热带作物及部分热带作物生长，对发展农、林、牧业，发展各种名、优、特产品，充分发挥商品经济和创汇农业，具有很大优势。

（三）红壤

红壤是中亚热带地带性土壤，有显著的脱硅富铝化成土特征，全区有红壤564.24万公顷，除钦州、北海、防城三市外，其他市均有分布。红壤中有耕地20.95万公顷，占全区旱地面积的22.98%，占红壤土类面积的3.71%。成土母质有花岗岩、砂页岩风化物及第四纪红土。一般土层比较深厚，呈红色，酸性至强酸性反应，pH值为4.0~6.0，有机质含量随植被情况而异，但积累比赤红壤和砖红壤都高。红壤地区水、热条件优越，适于多种林木、果树和农作物发展。

（四）黄壤

黄壤是在亚热带温暖湿润条件下形成的，全区黄壤面积125.51万公顷，其中开垦种植旱作物的有1.19万公顷，占黄壤总面积的0.9%，广泛分布在桂西北、桂东北、桂中的山地。成土母质为砂页岩及花岗岩风化物，成土过程脱硅富铝化作用较明显，黏粒的硅铝率一般为2.3~2.6，盐基饱和度在30%左右，土壤呈酸性，pH值为4.5~5.5。黄壤地区耕地很少，适于发展林业。

（五）黄棕壤

黄棕壤是中亚热带土壤垂直带谱的基本组成部分之一，全区共有黄棕壤8.08万公顷。成土母质有砂页岩及花岗岩，具有较弱的富铝化特征。土壤呈酸性反应，盐基不饱和。整个土体均以棕色为主，土壤疏松肥沃。所以应注意保护森林植被，除经营杉木、毛竹外，以保护常绿或落叶阔叶树种为主，保持和扩大原有森林面积，建设水源涵养林和自然保护区，提高森林生态效益。

（六）紫色土

紫色土是由紫色岩发育的土壤，是母质特征明显，而成土过程标志不十分明显的初育土。主要分布在桂东南、桂南、桂东北和右江南岸及南宁盆地等有紫色岩分布的地区。全区有紫色土88.48万公顷，其中林荒地85.31万公顷，旱地3.17万公顷。紫色土上自然植被疏松，少见成林树木，因而生物因素的作用较弱。土壤呈紫色、红紫、棕紫或暗紫色，土层较薄，矿质养分一般比较丰富，肥力较好，土壤质地变幅很宽，沙土和黏土均有，但以壤土为主；土壤反应从强酸至石灰性均有，以酸性为主。紫色土一般分布在低丘缓坡，抗蚀性不强，土层浅薄，蓄水量少，渗透性小，易引起严重的土壤侵蚀。全区紫色岩地区的侵蚀面积有14.98万公顷，占紫色岩总面积的8.19%。紫色土缺乏有机质，保水性差，故农作物经常受旱，但建立果园，种植甘蔗、花生、玉米及各类水果，均能获得较好收成。

（七）石灰岩土

石灰岩土是发育于碳酸盐岩风化物的一类土壤，除钦州、北海、防城港市以外，其他市均有分布。全区共有石灰岩土 81.86 万公顷，其中耕作土壤 20.41 万公顷，占石灰岩土总面积的 22.26%。按其发育程度和性状划分为黑色石灰土、棕色石灰土、红色石灰土和黄色石灰土。黑色石灰土有 3.99 万公顷，土体呈灰黑色，速效性磷、钾含量较丰富，质地多为黏壤土至黏土，自然肥力较高，土层浅薄，土被很少连片，一般只宜保护，不宜垦殖。

（八）棕色石灰土

棕色石灰土分布在石峰林间封闭或半封闭的圆形、串珠状或长条状洼地，颜色为黄棕至暗棕色，质地黏重，多为块状结构，速效磷、钾含量多为中等水平，土层不厚，保蓄水分能力差。棕色石灰土是广西石山地区的主要农业用地，土壤的生产力较高，宜种性广，主要种植玉米、大豆、薯类及瓜类。全区已辟为农业用地 20.2 万公顷，占棕色石灰土总面积 72.93 万公顷的 27.70%，为石山地区的主要旱地。

（九）黄色石灰土

全区黄色石灰土只有 2.19 万公顷，分布在桂中一带石山峰山地，土壤中含铁矿物水化而呈黄色。由于分布地势较高，且呈斑状零星分布，故一般不宜开垦作农用，应保护自然植被，封山育林，防止水土流失。

（十）复钙红黏土、红色石灰土、硅质白粉土

复钙红黏土和红色石灰土，全区共有 2.93 万公顷。红色石灰土主要分布在桂林市，复钙红黏土主要分布在百色市。红色石灰土各层色调为棕红，呈微酸至中性反应，一般无石灰反应，质地黏重。复钙红黏土土体较厚，土壤反应中性至碱性，pH 值大多为 6.5~8.0，具有不同程度石灰反应，质地黏重，大部分为轻黏土至重黏土，有机质及养分含量变幅较大。这两种土分布的地方一般水利条件很差，常受旱灾威胁，应加强植树造林，平缓坡地可种植水果，在山麓可种旱季作物。硅质白粉土，成土母质为硅质岩类，全区共有 45.93 万公顷，主要分布在柳州、南宁、河池市等地的岩溶地区。硅质白粉土上植物多为禾本科矮生草类，植物对土壤元素的富集和归还都很弱。通常表土比较薄，颜色为浅灰色或者灰白色，质地为粉沙质黏壤土至粉沙质土壤土，石砾含量多。多为酸性，少部分为中性，pH 值多为 5.0~6.0，大部分土壤有机质含量低，全磷含量中等偏低，特别缺钾，土壤肥力很差，已在沟谷开垦的农用地一般产量都不高。

（十一）冲积土

河流冲积物及近代和现代暴流运积物上形成的土壤，前者称冲积土，后者称洪积土，各有面积 7.15 万公顷和 10.73 万公顷。几乎有河流的地方都有冲积土分布，如右江、郁江、浔江、红水河、柳江、黔江、桂江、南流江及其大小支流沿岸呈带状分布。由于河水的流速及水量受季节影响，所携带沉积物颗粒粗细和数量不同，使土体常呈沙、泥相间，具有明显的沉积层理。沉积物的性质受流域内母岩、母质性质的影响，有的呈酸性反应，也有的呈中性及石灰性反应，以酸性至中性为多，约占 91.14%，石灰性仅占 8.86%。冲积土所处区位一般比较平缓、开阔，加上水分条件好，耕作方便，灌溉容易，适宜性广，种植农作物一般可获得较好的产量，但也易受洪涝威胁。

（十二）酸性硫酸盐土

酸性硫酸盐土分布在长有红树林的滨海潮滩上，共有面积 9160 公顷，占潮滩总面积的 10.57%。这类土壤主要分布在港湾海滩之内高潮线附近的地方，多位于滨海盐土的内缘，集中连片较大面积的有珍珠港至江平一带，约 666.7 公顷，英罗港约 100 公顷，钦州七十二泾约 267 公顷，其他呈零星分布。土壤多呈灰或蓝黑色，泥土稀烂，大部分为淤泥质，具亚铁反应。质地多为黏土或壤土。养分含量高，其指标植物红树林生长良好，可起挡浪护堤作用，并有利于水产业发展。

（十三）水稻土

水稻土是广西最大的一类耕作土壤，遍布全区各地，共有 164.72 万公顷，占耕作土壤面积的 64.21%。水稻土起源于各种母质和土壤，在人们长期种植水稻的条件下，母质受人为活动和自然因素的双重影响，经过水耕熟化和氧化还原过程，形成水稻土。广西水稻土主要分布在江河冲积阶地、平原和三角洲及盆地、山间谷地、滨海滩地等。根据土壤中水的补给和移动形式不同，主要分为淹育、潴育、潜育和咸酸 4 种水稻土。水稻在广西粮食作物中占第一位，播种面积占粮食作物总播种面积的 70%左右，因此水稻土在广西农业生产中占有极其重要的地位。

附录三　土壤剖面记载表

日期		天气		调查人	
地形图幅/航（卫）片号					
正式定名					
海拔高度					
自然植被					
潜水位及水质					
排灌条件					
人为影响					
一般产量（公斤/亩）					

土壤剖面综合评述：

参 考 文 献

[1] 李天杰，赵烨，张科利，等．土壤地理学［M］．3版．北京：高等教育出版社，2004.
[2] 朱鹤健，陈健飞，陈松林，等．土壤地理学［M］．北京：高等教育出版社，2012.
[3] 黄昌勇．土壤学［M］．北京：中国农业出版社，2001.
[4] 徐树建，任丽英，董玉良，等．土壤地理学实验实习教程［M］．济南：山东人民出版社，2015.
[5] 王家强，彭杰，柳维扬，等．土壤地理学实验实习指导［M］．成都：西南财经大学出版社，2014.
[6] 方碧真，徐国良，杨木壮．土壤与植物地理学实验与实习指导书［M］．武汉：中国地质大学出版社，2016.
[7] 林大仪．土壤学实验指导［M］．北京：中国林业出版社，2004.
[8] 胡慧蓉，田昆．土壤学实验指导教程［M］．北京：中国林业出版社，2012.
[9] 钟建明，梁文芳．土壤整段标本采集制作方法的研究［J］．土壤肥料，1999（3）：27-29.
[10] 张甘霖，龚子同．土壤调查实验室分析方法［M］．北京：科学出版社，2012.
[11] 鲍士旦．土壤农化分析［M］．3版．北京：中国农业出版社，2000.
[12] 胡学玉，艾天成，洪军，等．环境土壤学实验与研究方法［M］．武汉：中国地质大学出版社，2011.
[13] 凌文黎，李方林．地球化学专业实习指导书［M］．武汉：中国地质大学出版社，2013.
[14] 熊黑钢，陈西玫．自然地理学野外实习指导——方法与实践能力［M］．北京：科学出版社，2010.
[15] 张辉．土壤环境学实验教程［M］．上海：上海交通大学出版社，2009.
[16] 肖玲，徐颂军，张远儿，等．地理学实践教程［M］．北京：科学出版社，2009.